AF341184

CALENDRIER

DU FERMIER.

Imprimé fous le privilege , & avec l'approbation de la Société royale d'Agriculture. Chez la Ve. TARBÉ, Impr. du Roi, à Sens.

CALENDRIER
DU FERMIER,

O U

INSTRUCTION, mois par mois, fur toutes les opérations d'Agriculture qui doivent fe faire dans une Ferme.

OUVRAGE TRADUIT DE L'ANGLOIS,

Avec des Notes inftructives du Traducteur, fur les objets particuliers à la Culture Angloife.

PAR M. LE Mis. DE G**,

Membre de l'Affemblée provinciale de l'Isle de France, & de la Société Royale d'Agriculture.

A PARIS,

Chez GATTEY, Libraire, au Palais-Royal;
CUCHET, Libraire, rue & Hôtel Serpente;
& NÉE DE LA ROCHELLE, Libraire, rue du
Hurepoix, près le Pont Saint-Michel.

M. DCC. LXXXIX.

EXTRAIT

DES REGISTRES

DE LA SOCIÉTÉ ROYALE

D'AGRICULTURE.

Du vignt-trois Avril 1789.

M. le Marquis DE GUERCHY, ayant présenté à la Société *le Calendrier du Fermier, traduit de l'Anglois*, M. Abeille

a iv

& moi avons été nommés Commiſſaires pour en faire l'examen & le rapport.

Cet ouvrage eſt d'autant plus précieux pour le cultivateur François, qu'il préſente la pratique de l'Agriculture Angloiſe & de tous les avantages qu'elle retire des clôtures ; de l'augmentation des ſubſiſtances des beſtiaux par la culture des prairies artificielles, des pommes de terre, des carottes, qui facilitent la multiplication des beſtiaux, d'où réſulte la quantité des engrais & l'abondance des moiſſons qui en ſont la ſuite. On y voit en détail la ſucceſſion des travaux & des ſoins du fermier Anglois pour chaque partie de l'économie rurale, ainſi que les ſuccès & bénéfices, dont on préſente le tableau, d'après les frais & récoltes de chaque genre de culture. Plusieurs de nos provinces sont susceptibles du même genre d'exploitation, & la plupart, de quelques-unes des cultures & des méthodes pratiquées par le fermier Anglois. Ce livre a l'avantage de présenter des faits & une pratique certaine & heureuse. Le cultivateur peut donc le consulter avec confiance & adopter les usages, méthodes & cultures qui y sont décrites, toutes les fois que le climat & le sol ne s'y opposent pas.

Nous estimons donc que cette traduction, fruit du zele éclairé de M. le Marquis DE GUERCHY, pour l'économie rurale, mérite l'accueil & l'approbation de la Société royale d'Agricul-

ture, & de paroître fous fon privilege.

Signé, ABEILLE, RONCERF,

Je certifie cet Extrait conforme à
l'Original & au Jugement de la Société;
à Paris, ce 24 Avril 1789.

BROUSSONET, *Sécretaire perpétuel.*

E R R A T A.

Page 12, *ligne* 9, *après* les 5 arpens, *ajoutez* de prés.
Page 28, *ligne* 18, *lifez* : quand il eft bien cultivé.
Page 91, *ligne* 24, *lifez* : c'eft que nous.
Page 154, *ligne* 1, foient, *lifez* : forment.
Page 169, *ligne* 4, perdoit, *lifez* : perdroit.
Page 229, *ligne* 5, chaume, *lifez* : chacun.
Page 234, *ligne* 4, plaille, *lifez* : paille.
Page 258, *ligne* 1, on, *lifez* : ou.
Page 293, *ligne* 2, *lifez* : que l'on a proprfé.

AVERTISSEMENT

D U

TRADUCTEUR.

L'AGRICULTURE, la première de toutes les fciences, puifque c'eft elle qui nous enfeigne la manière de multiplier toutes les plantes néceffaires à la nourriture du genre humain, après avoir été longtems méprifée & négligée, eft heureufement, depuis quelques années, rentrée dans tous fes droits.

Les Rois, les Princes, les perfonnes les plus diftinguées dans toutes les claffes de l'Etat, ne dédaignent plus de s'en oc-

cuper. Le Gouvernement en France ,
cherche depuis quelques années à exciter
la plus grande émulation parmi les Agri-
culteurs, en leur promettant des encou-
ragemens. Les Sociétés d'Agriculture fe
font établies dans tout le Royaume. Celle
de Paris a fourni à la Nation plufieurs
excellens Ouvrages en ce genre. Les Mémoires qu'elle fait journellement impri-
mer , contiennent plufieurs extraits d'ouvrages Anglois. On fait que depuis longtems cette Nation excelle dans cet art,
& l'on peut, fur cet objet, les prendre
pour maîtres , fans craindre d'être accufé
de tomber dans l'anglomanie actuelle.

La réputation qu'ils ont à cet égard,
leur eft bien méritée ; le defir que j'ai
eu de connoître tous leurs principes ,

m'a engagé à faire plufieurs voyages dans ce pays, en différentes faifons, pour voir tous leurs procédés de culture fur chaque objet. J'y ai reconnu que l'origine de leurs talens vient de l'ingratitude d'une partie de leur fol, qui les a obligés à chercher, par des expériences multipliées, & l'introduction de nouvelles plantes, les moyens d'en tirer un bon parti. J'ai été tout d'un coup frappé de l'idée qu'il feroit honteux pour une Nation auffi inftruite, à tous égards, que la nôtre, d'ignorer les moyens que nos voifins emploient avec fuccès, tandis que l'on propofe annuellement en France des effais incertains ; & j'ai cherché en conféquence à connoître leurs meilleurs auteurs en agriculture.

Nous vivons dans un pays fertile, où

les terres ne rapportent pas moitié de ce qu'elles devroient faire, par la manière négligée de les cultiver. Les Cultivateurs attachés à leurs anciennes routines, n'ofent pas fe livrer à de nouveaux effais qui ne leur font donnés que par des amateurs du bien public, qui ne les ont pas faits eux-mêmes.

L'Ouvrage que je donne aujourd'hui au Public, n'a point cet inconvénient. C'eft une traduction littérale de l'Auteur le plus eftimé d'Angleterre : on n'y trouvera point de ces confeils fuperflus, dont l'exécution eft impraticable; on lira de fimples avis donnés par un Cultivateur expérimenté, qui les rapporte dans un ftyle peu fleuri ; ceux qui cherchent l'emphafe dans leurs lectures, ne la trouveront pas ici.

ne me suis attaché dans la traduction qu'à l'exactitude & à la clarté ; je n'ai rien changé, que les noms des mesures & de l'argent, que j'ai réduit aux valeurs de France ; toutes les autres choses qui demandoient quelques explications, sont éclaircies par des notes. Je n'expliquerai point ici le plan de l'Ouvrage, l'Auteur le faisant parfaitement dans sa Préface.

Mon but, en faisant cette traduction, n'étant que de me rendre utile à mes Concitoyens, je n'ai point cherché l'élégance du style, & ne puis à cet égard, trop solliciter l'indulgence de mes Lecteurs.

J'ai cru devoir supprimer tout ce qui étoit absolument étranger à notre Contrée, pour que le Volume soit portatif, & moins à charge à ceux qui se le procureront.

PRÉFACE

DE L'AUTEUR.

LES Jardiniers ont reconnu depuis longtems l'utilité dont leur étoient les calendriers publiés jufqu'à préfent, pour leur enfeigner les ouvrages qu'ils avoient à faire chaque mois : nulles profeffions n'ont autant de rapport que la leur & celle des Fermiers, & ces derniers ne manqueront pas de fentir le prix dont fera pour eux un Ouvrage femblable.

Le but de ce Livre n'eft pas d'inftruire d'anciens fermiers expérimentés, qui favent prefque tout ce qui y eft contenu ; mais comme malheureufement ce nombre n'eft pas le plus grand, les jeunes - gens qui commencent leur état y trouveront des détails très-inftructifs, & doivent s'en faire un compagnon inféparable.

Au commencement de chaque mois, un fermier, foit qu'il ait ou qu'il n'ait pas un ouvrage de cette efpece, doit réfléchir aux divers travaux qu'il a à faire pendant le mois, il doit tout prévoir pour faire les approvifionnemens néceffaires.

Maintenant je laiffe à juger au lecteur fi cela

A

eſt fort facile , & ſi l'on n'oublie pas aiſément bien des choſes, quand on n'a rien pour vous remettre ſur la voie ; & ſi un livre comme celui-ci , quand il ne rappelleroit au cultivateur qu'une fois dans l'année, un ouvrage important qui auroit échappé à ſa mémoire , ne le dédommageroit pas amplement de la petite dépenſe qu'il auroit faite pour ſe le procurer. Je dis cela , parce que pluſieurs fermiers ſont très-regardans pour les dépenſes qu'ils croient ſuperflues ; c'eſt pourquoi, je veux leur démontrer qu'un livre de cette eſpece peut leur être de quelque utilité , vérité dont ils ne ſont pas tous convaincus.

Tous les calendriers qui ont paru dans ce genre juſqu'à préſent, n'étoient qu'une eſquiſſe diffuſe & très-imparfaite de chaque objet, omettant les choſes les plus importantes , & malgré cela aſſez longs pour rendre l'ouvrage d'un haut prix, ce qui a dégoûté les cultivateurs d'acheter tous les autres ouvrages qui ont paru dans ce genre.

Il y a environ cinquante ans qu'un Anglois, célebre en agriculture, M. *Tull*, fit ſur la culture des terres , pluſieurs expériences dont le but étoit de prouver l'inutilité des engrais. Dans ce tems-là il eut pluſieurs imitateurs ; ceux qui ſuivirent ſon ſyſtême multiplièrent leurs labours, ce qui, ſelon lui, peut ſuppléer aux fumiers. On ne devoit mettre aucun engrais ſur les terres, & les garder pour fumer les herbages & pâtures. Heureusement ce syftême n'a pas été généralement fuivi, car il en feroit réfulté une perte réelle pour l'agriculture ; & il eft bien à defirer qu'on ne retombe pas dans de pareilles erreurs, tant pour la perte du tems que pour l'augmentation néceffaire de bras & de chevaux qu'elle entraîneroit. Le grand avantage des engrais eft bien généralement reconnu, & tout fermier bien inftruit en fent tout le prix. Cette partie de la culture ne peut jamais être trop recommandée, & malheureufement elle a été fort négligée par tous les écrivains ; excepté un ou deux, à qui il faut rendre la juftice de dire qu'ils ont traité cette matière de main de maître, les autres ne l'ont pas trouvée digne de leur attention.

Un autre objet, négligé auffi par les anciens écrivains en ce genre, eft d'avoir recommandé aux cultivateurs de tenir un regiftre exact de leur recette & dépenfe, au moyen duquel ils puffent à chaque moment de l'année fe rendre compte à eux-mêmes. Comme on ne peut pas traiter cela particulièrement dans un mois plutôt que dans un autre, (marche adoptée dans cet Ouvrage), nous allons en dire ici deux mots.

Il a déja paru depuis quelques années plufieurs modeles de regiftres dans ce genre, comme font ceux des marchands ; mais ils étoient fi mal faits, qu'ils étoient plus capables de dégoûter un fermier

d'un pareil foin, que de l'y encourager. La feule
chofe néceffaire eft de tenir un regiftre, où l'on
écrive chaque article qui concerne la ferme, ayant
une page pour chaque champ, ou au moins une
pour chaque champ labourable, & une pour tous
les herbages enfemble.

Le fermier doit infcrire fur ce regiftre toutes fes
dépenfes ; mais pour le faire avec fruit, il faut
qu'il tire à part le prix de fon loyer, & le divife en autant de parties qu'il a de champs enclos (1);
de forte qu'en les additionnant, cela faffe le prix
total, fans faire un article à part du loyer, à
moins que cela ne foit pour mémoire : il faut qu'il
divife de la même manière toutes fes autres dépenfes, comme la dîme, la taxe des pauvres, &
autres objets divers.

Pour entendre ceci, fuppofons que pour l'article *dîme*, il ait payé en argent au curé, pour
dîmes de grains, d'herbages, menues dîmes, ce
qui varie tous les ans, & fait une groffe dépenfe
pour la ferme entière, une fomme de cent louis:
s'il a quatre cens acres de terre, il en entrera en
compte pour fix francs par acre.

Il faut faire la même opération pour la taxe

---

(1) Il faut, pour entendre cela, favoir qu'en Angleterre tous les champs font clos de haies & de foffés.

des pauvres , travaux extraordinaires , gages du meſſier , dépenſes au marché , &c. L'entretien des haies & foſſés peut en former un à part : tout cela doit être reporté, diviſé ſur chaque champ.

Par cette méthode , le fermier peut toujours ſavoir le profit réel qu'il fait ſur chaque piece de terre , ou la perte , s'il y en a , ce qui eſt de très-grande importance pour lui. Il peut auſſi par ce moyen, en tout tems , en ouvrant ſon livre, voir quelle eſpece de récolte l'a le mieux payé de ſes dépenſes , & calculer quel eſt l'ordre de culture qui lui a rapporté davantage, pour l'adopter.

Par exemple , il aura calculé qu'un enclos de dix acres de terre cultivés dans l'ordre ſuivant :

La première année , ſur le chaume de bled , des turneps ou gros navets ;

La deuxième , de l'orge , (on met du trefle parmi) ;

La troiſième , en trefle ;

La quatrième , en bled.

Si , dis-je , il a calculé que cet enclos, au bout de huit ans , lui ait rapporté 3000 liv. , & que dix autres acres cultivés dans l'ordre ſuivant :

Première année , jachère ;

Deuxième , bled ;

Troiſième , orge ;

Quatrième , avoine ;

ne lui ont rapporté au bout du même tems que
1600 liv , il voit tout d'un coup combien une
culture eſt préférable à l'autre ; & cela ne ſera pas
par un calcul vague , mais par une juſte balance
miſe entre chaque année.

Il comparera de même le profit des différentes
ſortes de beſtiaux, pour voir, au bout de l'an,
quelle eſt l'eſpece qui lui rapporte davantage.

Perſonne ne peut douter de l'avantage qu'il y
a d'exploiter & de régir ainſi une ferme : & voilà
pourtant ce qui n'a jamais été traité particulièrement par aucun auteur. On pourroit citer pluſieurs exemples pour prouver l'utilité de ſuivre une
pareille marche, mais ce ſeroit paſſer les bornes
de cet Ouvrage.

Après avoir fait ſentir la néceſſité d'un calendrier pour les laboureurs, & l'avantage qui réſul-
tera pour eux de tenir un regiſtre de recette &
dépenſe ; cela m'amene naturellement à dire un
mot ou deux du grand profit qu'il y a à exploiter
une ferme, quand on le fait avec intelligence. Qui-
conque voudra en faire l'épreuve , trouvera qu'il
n'y a pas de ſpéculation , où l'on tire un plus
gros intérêt de ſon argent ; & en même tems c'eſt
l'occupation la plus agréable, & la meilleure pour
la ſanté : car depuis le plus grand domaine juſqu'à
la plus petite ferme, tous les détails ſont intéreſ-
ſans, le ſoin de l'intérieur de la maiſon, des che-

vaux , des beſtiaux , occupent agréablement ; & ſi
tout cela eſt adminiſtré avec prudence , on peut en
retirer les plus grands avantages , ſans riſquer d'être
entraîné dans des dépenſes dangereuſes.

Le plus grand mérite d'une exploitation agricole ſur toute autre, eſt de pouvoir la commencer
avec peu de fonds. Quelle branche de commerce
peut-on entreprendre, ſans faire une aſſociation ou
avoir cent à cent-vingt mille livres d'avance? tandis
qu'un jeune fermier qui a de l'ordre & de l'intelligence, peut prendre une ferme de cent acres ,
avec dix à douze mille livres d'avance , la bien exploiter , & vivre agréablement, en retirant un profit annuel de 3 à 4000 liv., c'eſt-à-dire, de 30 à
40 pour 100 de ſon argent.

Il eſt vrai que lorſque je calcule ſur un tel profit , j'entends qu'il ſuivra un meilleur ordre de culture que la routine ordinaire , qui ne lui rapporteroit
pas à beaucoup près autant que s'il tire parti de
ſes terres par l'introduction de la culture de di-
verſes plantes utiles. Non que je veuille jamais en-
gager un cultivateur, & ſurtout un fermier, à ſe
perdre dans les eſſais de nouveaux ſyſtêmes , ou
de plantes étrangères qui n'appartiennent qu'aux
jardins , mais ſeulement lui conſeiller de choiſir le
genre de plantes ou racines qui conviennent mieux
à ſon ſol , & qui le mettront à même d'entretenir dans une ferme de peu d'étendue une quantité

de beftiaux auffi confidérable que dans une grande.

En général, tout laboureur doit fe mettre dans la tête qu'il y a plus de profit à bien cultiver une petite quantité de terres, que d'en faire valoir une plus grande, à laquelle on ne peut pas donner les labours & engrais néceffaires.

La luzerne, les choux, les carottes & les pommes de terre peuvent entrer dans prefque toutes les cultures, excepté quelques fols qui leur font peu propres. Ces plantes font de la plus grande reffource dans une petite ferme, & mettent, comme je l'ai dit plus haut, le fermier à portée de nourrir autant de beftiaux que dans une grande ; mais comme ces plantes demandent que les terres où on les feme foient bien fumées, ce fera furtout un très - grand avantage pour une petite ferme, d'être fituée près d'une grande ville, où on peut acheter du fumier de toute efpece, parce qu'alors tout le tems qui n'eft pas deftiné aux labours & aux récoltes, doit l'être à aller chercher du fumier en menant vendre des denrées au marché.

Pour prouver le profit que le fermier feroit par cette conduite, fuppofons une petite ferme de cinquante acres (1) où il y aura quatre chevaux,

---

(1) L'acre anglois eft de cent foixante perches de feize pieds, le pied de onze pouces de France.

& la diſtance de la ville, telle qu'on ne puiſſe mener qu'une charge (1) par jour : la dépenſe pour
la nourriture de quatre chevaux toute l'année,
ôtant la ſaiſon où ils ſont au verd, . 960 liv.

Un charretier, nourriture compriſe, . 600

Faux frais de bourrelier, charron, ma-
réchal, &c. 500

Trois cens charges de fumier, à 6 liv. 1800

Pour l'homme en chemin & à la ville,
& les barrières (2), ... 600

$$\text{T O T A L.} \quad . \quad . \quad 4460$$

Les ſix cens voitures de fumier lui reviendront
à 7 liv. 18 ſ. chaque.

Tel eſt le prix auquel le fumier lui reviendroit,
ſi ſes chevaux ne faiſoient que cet ouvrage toute
l'année.

A préſent, mettons que la ferme ait cinq acres

---

(1) Ce qu'on appelle une charge de grandes voitures
à quatre chevaux, en Angleterre, fait deux tombereaux
de notre pays.

(2) Pour entendre cet article, on doit ſavoir qu'en
Angleterre les routes s'entretiennent par le moyen de
péages avec des barrières.

de luzerne, cinq de prés naturels, & trente-cinq de terre labourable, divifés ainfi :

Cinq en pommes de terre,
Cinq en carottes,
Cinq en choux,
Cinq en orge,
Dix en trefle,
Cinq en bled, } 35 arpens.

Les trois premières récoltes doivent être fumées tous les ans, ainfi que la luzerne, & moitié feulement du trefle, à douze charges de fumier l'acre, ce qui, au prix ci-deffus, fera monter les frais de chaque récolte (1) aux taux fuivans :

La luzerne, par acre, . . 150 liv. 750 liv.
Les choux, ... 168 840
Les pommes de terre, . . 200 1000
Plus, pour acheter des porcs
    pour engraiffer, . . . 200 1000
Les carottes, ... 240 1200
Plus, pour acheter des porcs, 500 2500

                                               7290

---

(1) Le mot de récolte, en anglois, comprend toutes les préparations néceffaires pour l'obtenir.

Ci-contre, . .	liv.	7290	liv.
Le bled, ...	90	450	
L'orge, ...	90	450	
Le trefle, moitié à 120 liv.			
& l'autre à 36, . . .	156	780	
Les prés, ...	30	150	
Pour frais de charrois au mar-ché, ...		720	
TOTAL, ...		9840	

Ces récoltes, fuivant ces prix, montent pour cinq
acres de chacune, en frais, à . . . 260 liv.

P R O D U I T.

Les cinq acres de luzerne, & les cinq de choux
engraifferont dix-fept vaches, à 6 louis de bénéfice par vache, ... 2448 liv.

Les cinq acres de carottes, à fept cens
boiffeaux, par acre, trois mille cinq
cens boiffeaux à 12 p. 2100

Premier achat des porcs (1), . . 2400

6948

(1) *Note de l'Auteur.* Il eft jufte de déduire le prix
des porcs, les ayant portés en dépenfe, mais non pas

De l'autre part, . . . 6948 liv.

Cinq acres de pommes de terre, à cinq
cens boisseaux par acre, deux mille
cinq cens boisseaux à 18 p. 2250

Premier achat des porcs, ... 1200

Cinq acres de bled, ... 960

Cinq d'orge, ... 840

Dix de trefle, à cinq charges par acre,
valent trente-six livres la charge, . 1800

RECETTE TOTALE, . . 13998

Les cinq arpens laissés pour la nourriture des quatre chevaux, déduisant
les 9440

Le produit net sera de . . 4558

Il n'y a pas de doute que cette manière de cultiver peut être réalisée partout où la situation per-

---

le bénéfice de l'engrais, vu que ce seroit autant de boisseaux de moins de vendus.

Nota. Au reste, cet article de l'auteur n'a pas paru bien
clair au traducteur ; mais en ne portant le prix des porcs
ni en recette ni en dépense, le résultat seroit le même.

mettra d'admettre les suppofitions que nous avons faites ci-deſſus.

On trouvera peutêtre que j'ai porté les récoltes bien haut, mais elles ne le ſont pas trop, vu la quantité d'engrais, d'après laquelle j'ai établi mon calcul.

Nous voyons par-là quel profit peut faire un fermier intelligent, ſur un petit terrein. Mais jamais un fermier médiocre ne pourra en approcher, en ſuivant la routine ordinaire, & en n'admettant pas la culture des plantes & racines avantageuſes enſeignées dans cet Ouvrage. Cela fait voir l'importance de bien entendre l'agriculture dans tous ſes détails, ce qui la rend alors une des ſpéculations les plus avantageuſes. L'argent que l'on emploie pour cela ne ſauroit aſſurément être mieux placé, & une pareille conſidération mérite l'attention de tous les fermiers.

Il faut eſpérer que l'Ouvrage que nous préſentons aujourd'hui au public, leur fera concevoir cette vérité, & leur fournira tous les détails qui y amenent, malgré le mépris qu'en pourront faire ceux qui ſont ſi attachés à leurs vieilles routines, qu'ils ne veulent pas même tâcher d'en ſortir pour leur plus grand avantage.

Près des grandes villes, le bénéfice de ce ſyſtême d'acheter des engrais, ſera bien plus viſible que partout ailleurs. Auprès de Londres, il y a des fermiers qui entretiennent un attelage (1) uniquement deftiné à conduire tous les jours à la ville du foin ou de la paille , & à ramener du fumier. Du côté d'Heudon , les plus intelligens préfèrent les vidanges des latrines à tous autres engrais , cela leur coûte 3 liv. à 3 liv. 10 f. la charge , ils les charrient l'été , & les laiffent en grands tas & couverts de terre , à l'extrémité d'un champ , pour les conduire enfuite l'hiver par la gelée , fur les pieces de terre ; cela revient à fix francs la charge , mais aucun engrais n'approche de celui-là ; les habitans d'Heudon, qui ont beaucoup d'herbages , en mettent trois charges à l'acre : cela donne auffi fur les terres labourables des récoltes fuperbes.

------

(1) Les Anglois entendent par attelage en général , quatre chevaux ou quatre bœufs , pour dire , le tirage d'une voiture , y ayant des provinces où l'on fe fert des premiers , & d'autres où les feconds font en ufage.

On fera d'abord furpris de voir dans un Ouvrage d'agriculture , parler de vendre des pailles au lieu de les garder pour la nourriture des beftiaux ; mais il faut favoir qu'en Angleterre on ne s'en fert que pour faire des litières , ne trouvant pas cette nourriture affez fucculente pour les vaches & moutons, qui ne font nourris que de fourrage ou de racines.

JANVIER.

DES TROUPEAUX.

Dans ce mois, les brebis commencent à agnéler, c'eſt alors qu'il faut en avoir grand ſoin, les turneps doivent leur être donnés avec abondance ; car la plupart des fermiers ont eu juſqu'à ce tems-ci aſſez d'herbes, ſoit en plein-champ, ſoit en bordures (1) pour les nourrir, mais pour les moutons que l'on veut engraiſſer, & les brebis pleines, il faut au mois de Janvier les mettre aux turneps.

Une méthode aſſez uſitée en Angleterre, eſt de charrier les navets à meſure qu'on les arrache, & de les jetter ſur une pâture ſeche & unie, où l'on mene les troupeaux deux fois par jour, en ayant ſoin de leur faire manger ces racines, en petite quantité à la fois, pour qu'ils ne les foulent pas aux pieds & n'en rebutent aucunes. En

---

(1) En Angleterre, où toutes les terres ſont entourées de haies, il eſt d'uſage de faire des bordures d'herbe, à laquelle l'ombre ne fait pas le tort qu'elle feroit aux grains.

donnant cette nourriture avec économie , elle se
conservera fort avant dans l'hiver.

Dans des terreins bien secs , des fermiers , pour
éviter de fumer les terres qui ont porté des turneps pour y mettre de l'orge , culture qui les suit
ordinairement , les font manger aux troupeaux dans
les champs , en faisant une enceinte de ce qu'ils
doivent manger chaque jour , avec des claies qu'on
transporte plus loin le lendemain ; cette méthode
épargne beaucoup de frais , mais on ne peut l'employer que dans un sol extrêmement sec , sans
quoi le mouton gâteroit plus la terre qu'il ne la
fumeroit.

Cependant , dans les terreins les plus secs.où l'on
pratiquera cette méthode , le profit des turneps sera
toujours bien moindre , car la fiente de la brebis ,
& son trépignement surtout , gâteront une partie de
ces racines.

Il faut en outre avoir deux parcs pour mettre
séparément les brebis pleines , & les bêtes à l'engrais pour le boucher , & doubler la nourriture
à ces dernières.

Dans les tems humides , d'orages ou de
des neiges , les moutons doivent être nourr
du foin ; quelques fermiers les mettent d
bois de huit à dix ans , ce qui les abri
nourrit en même tems ; d'autres leur d
foin dans des rateliers portatifs , & leur

nent une certaine quantité chaque jour au parc.

C'eſt une excellente méthode, de leur donner chaque jour une petite quantité de foin dans ces rateliers, malgré qu'ils ſoient nourris aux turneps; mais cela n'eſt pas abſolument néceſſaire.

Il y a même dans quelques parties du royaume, des fermiers qui, quand les brebis ont leurs agneaux, les nourriſſent de ſon ou d'avoine & de turneps tout à la fois, mais il faut pour cela qu'ils ſoient d'une bien belle race, qui dédommage de cette dépenſe.

Du Parcage.

Beaucoup de fermiers dans ce royaume, quoiqu'ils entendent parfaitement l'objet du parcage, ne le pouſſent pas auſſi loin qu'ils le pourroient, ils font rentrer les troupeaux dès la fin de Novembre, ou au commencement de Décembre au plus tard, tandis qu'ils pourroient pouſſer avec ſuccès le parc très-avant dans l'hiver juſqu'aux premières neiges.

Dans des fermes où il y a des herbages très-ſecs, il n'y a aucun inconvénient à les faire parquer l'hiver entier, & l'herbe en reçoit le plus grand engrais; il n'en ſeroit pas de même d'un pré bas, ni d'une terre labourable humide.

B

Il y a un autre moyen de tirer un grand profit du parcage , fans que la qualité du fol y faffe
rien , c'eft d'avoir un très-grand enclos fermé de
murs ou de paliffades , bien garni de litière de
chaume , de paille ou de fougère , pour enfermer
le troupeau la nuit ; vous avez par ce moyen vos
moutons fainement & en bon air , & en ne mé-
nageant pas la litière , vous aurez du fumier de
quoi engraiffer autant de terrein que vous en au-
riez pu parquer ; car cent bêtes nourries ainfi, avec
du foin & des turneps , vous feront du fumier pour
deux acres de terre au moins par mois , fi on a
foin de les rentrer de bonne heure & lâcher tard ,
ce qu'ils n'auroient pu faire en parquant les mêmes terres (1).

Cour de la Ferme.

Dans ce mois-ci on doit avoir grand foin de
tous les beftiaux de la cour (2) , c'eft-à-dire , de

---

(1) Je ne fuis pas de l'avis de l'auteur anglois en cette
occafion , d'autant que fi , au lieu de mettre un troupeau dans ce clos , on l'eût fait parquer , on auroit eu
la paille de refte pour faire la litière à d'autres beftiaux.

(2) Les cours des fermes angloifes font immenfes , &

ceux qui y font lâchés ; qu'ils foient régulièrement fournis de paille, que l'eau ne leur manque
pas, ayant pour cela attention d'avoir le nombre
de batteurs proportionné, pour qu'ils aient de la
paille fraîche tout l'hiver, la cour devant toujours
être couverte de paille ou chaume renouvellée journellement, pour que les beftiaux fe couchent à
fec, ce qui eft néceffaire à leur fanté, & augmente les engrais.

Des Vaches.

Plufieurs de vos vaches vêleront probablement
ce mois-ci ; lorfqu'on les voit bien prêtes à mettre bas, il faut les rentrer de la cour dans l'é-
table & les raffourer (1) deux fois par jour en
nourriture verte, c'eft-à-dire, en choux, turneps,
carottes ou pommes de terre : lorfqu'elles ont
vêlé, il faut les féparer des autres, dans une étable ou une cour à part. On nourrit celles qui
élevent des veaux, avec des turneps & de la paille,

---

les beftiaux y font lâchés tout l'hiver, chaque efpece
dans un petit enclos de paliffades.

(1) Terme technique que l'on ne peut guère rendre
autrement, & qui fignifie garnir les rateliers, & man-
geoires de nourriture.

mais point de foin, il tarit le lait. Quand à celles que l'on trait, on retranche les turneps qui donnent mauvais goût au beurre, & on les nourrit de choux & de carottes, ce qui augmente fort le lait, les premiers furtout font la nourriture la plus économique ; en ne leur donnant que le cœur, cela donne au beurre un goût exquis, & fi on ne les nourriffoit qu'avec du foin, cela emporteroit tout le profit de la laiterie.

Des Bestiaux à l'engrais.

Dans ce tems-ci, les fermiers qui font ce commerce, font dans le plus fort de leur ouvrage. Il y a trois méthodes à fuivre pour engraiffer les beftiaux avec des turneps, choux ou carottes. La première, de les donner fur une pâture feche, comme on a dit pour les moutons ; mais il eft bien rare qu'il y en ait d'affez feche pour porter les bœufs : la feconde eft de les lâcher dans la cour de la ferme ; & la troifième, de leur donner ces racines dans de grandes auges, fous des hangars où les beftiaux font attachés (1). Les deux dernières méthodes font les meilleures.

______

(1) On a la plus grande attention en Angleterre de tenir toute l'année les beftiaux le plus à l'air que l'on peut.

Si vous nourriſſez dans la cour , vous mettez ces racines dans des auges , & donnez en outre de la paille dans des berceaux , ſi le foin vous manque ; mais ſi vous en avez , vous ſerez bien payé de la dépenſe en leur en faiſant manger. La même regle doit être ſuivie dans les étables ouvertes , avec le ſoin ſeulement de changer ſouvent la litière , ſans quoi la peau ſe gâteroit , & les beſtiaux ne profiteroient pas bien. Dans aucun cas il ne faut épargner la litière , le fumier dédommage au centuple de cette dépenſe.

Des Porcs.

Voici la principale ſaiſon d'avoir des porcs, ſoit pour élever , ſoit pour engraiſſer ; la dernière méthode étant traitée dans les autres mois , je ne parlerai ici que des truies & des éleves.

Les truies doivent être ſéparées, avec bien de la litière , & nourries avec des lavures de laiterie, & des carottes ou pommes de terre que l'on aura eu ſoin de récolter exprès pour cela. Ces végétaux leur ſont très-ſalutaires , & valent autant que des pois & de l'orge qu'il faudroit acheter exprès pour eux , & même du ſon ne les engraiſſeroit pas mieux. Les truies doivent toujours avoir à manger autant qu'elles en veulent , ſans quoi les

petits en fouffriroient , & même être tenues proprement & bien couchées , leur fanté en dépend ;
& la grande quantité de cette efpece d'excellent
fumier vous dédommagera encore de ces foins.

La nourriture des porcs étant une des branches de commerce la plus utile dans une ferme ,
l'économe ne fauroit y donner trop de foins. Je
vais en peu de mots donner le détail du meilleur
fyftême à fuivre.

Un fermier qui veut faire le commerce des
porcs , doit fe précautionner de plufieurs truies ,
& préalablement faire une fuffifante récolte de racines propres à les nourrir , comme carottes , pommes de terre , navets , & même de l'orge. Dans
une ferme ordinaire , on a une truie ou deux pour
confommer les iffues de la laiterie ; mais quand
il s'agit d'en faire commerce , c'eft différent. On
doit avoir d'abord des pommes de terre pour les
nourrir depuis la fin d'Octobre jufqu'en Mai ; alors
on a un champ de trefle ou de luzerne où on
les met jufqu'après la moiffon , en leur faifant
manger en détail dans des claies que l'on change.
Par ce moyen , toute l'année fe trouve remplie
de ces deux manières , fans compter ce qui tombe
ordinairement des granges , qu'ils ramaffent devant
les portes.

Quand les truies cochonnent , on les met à l'eau
blanche avec de la farine d'orge , dans l'été , &

dans l'hiver on y mêle des pommes de terre bouil-
lies ; pour les petits, on les nourrit de même, en
ne mouillant prefque pas leur nourriture : fi on a
des vaches à lait dans la ferme, on fe fert de
lait clair au lieu d'eau.

D'après ces regles, un fermier doit proportionner fes éleves de porcs à fes récoltes, ou plutôt
difpofer fes récoltes fuivant les éleves qu'il veut
faire, & s'arranger pour que fes truies cochonnent
deux fois par an, en Avril & en Août, afin
que les petits puiffent avoir de l'herbe en naif-
fant.

Dans cette combinaifon, la vente des porcs
maigres fe fera en Octobre lorfqu'ils fortent de
l'herbe, pour les charcutiers qui les achetent pour
engraiffer, fi le fermier ne le fait pas lui-même.

Le fort de la cochonnerie (1) doit confifter
alors dans les truies, & les petits nés en Août,
qui doivent courir çà & là dans la cour pour profiter des pailles de la grange, & on leur donnera
des pommes de terre, fi cela ne leur fuffit pas.

Des Chevaux.

Une des plus utiles leçons que l'on puiffe don-

____

(1) On excufera, dans un ouvrage purement agricole,
d'employer ces fortes d'expreffions.

ner à un laboureur, eſt de toujours tenir ſes chevaux à un ouvrage régulier ; la dépenſe d'un attelage (1) eſt ſi grande, que s'il ne ſuit pas cette regle il y perdra. Janvier eſt le mois où tous les labours doivent ceſſer.

Si les gelées prennent dans ce mois, il faut en profiter pour charrier les fumiers, ſurtout les compots (2), ſi on en a de prêts, pour les terres à orge, car cette récolte demande à être fumée.

C'eſt auſſi le moment de charrier les fagots qui proviennent des haies, & les terres ſorties des foſſés de bordure que l'on aura rafraîchis.

Si au lieu de cela le tems eſt humide, on doit s'occuper des charrois ſur les grandes routes, pour mener du grain au marché, & en même tems ramener du fumier acheté à la ville, que l'on dépoſe ſur le bord des terres, pour ne pas les fouler en y entrant, & enſuite en faire des compots.

---

(1) Je n'ai pu rendre mieux le mot anglois qui exprime la totalité de chevaux ou bœufs qu'a un fermier pour ſon ouvrage.

(2) *Compots*, eſt un mot anglois, que l'on ne peut rendre que par une périphraſe ; ce ſont des tas de fumiers mêlés par couche avec de la terre, que l'on forme devant la porte de la ferme, & que l'on coupe par tranches lorſqu'elles ont quatre pieds de haut, pour mener ſur les terres.

Ces regles peuvent avoir des exceptions, mais en général cette occupation fera très-avantageufe dans des terres où on n'a rien à faire. La même chofe doit s'obferver pour les attelages des bœufs; & en général on ne peut trop recommander aux fermiers que ces animaux foient bien fournis de litière, fans quoi leur fanté en fouffrira, & les engrais manqueront à la fin de l'année.

Du Battage.

Dans le battage des grains & légumes, l'économe (1) doit avoir foin de proportionner le nombre de fes batteurs à fes beftiaux, pour qu'ils aient toujours de la paille fraîche. Il doit fuivre de près fes batteurs, furveiller leur travail, & furtout leur probité : car il peut perdre beaucoup fi la gerbe n'eft pas bien battue, ce qui arrive fouvent ; ces gens étant à leur tâche, battent le plus facile, & lient enfuite les pailles avec moitié grain dedans. Cette manière de voler étant très-

---

(1) *Econome*, dans le cours de cet Ouvrage, dit tantôt le cultivateur, tantôt l'économe, & fouvent le fermier, il faut favoir qu'on appelle en Angleterre, tout feigneur qui fait valoir, gentilhomme fermier, & il n'en eft que plus eftimé.

facile, le maître doit les veiller de très-près, aller à fa grange plufieurs fois par jour, & auffi fe trouver le foir fur le chemin des batteurs, pour voir s'ils n'emportent pas de grain ; mais furtout y venir toujours à l'improvifte. Une pareille attention rendra à la fois ces gens honnêtes, quand ils auroient eu l'intention d'être coquins ; au lieu qu'un maître indolent qui n'y regarde pas, rend fripons les gens les moins enclins à le devenir.

Des Clôtures (1).

Voici le tems d'entretenir les haies & les foffés, foin auquel l'économe ne fauroit trop fe livrer; car s'il y laiffe former des breches, autant vaut qu'il n'ait pas de clôtures, pour empêcher les beftiaux d'autrui d'entrer dans fes champs, ou les fiens d'en fortir, ce qui eft de la plus mauvaife agriculture.

L'opération doit fe faire ainfi : un homme commence par dégager la haie de tous vieux bois, ronces, & de toutes les branches qui s'écartent

---

(1) Pour entendre cet article, il faut favoir qu'en Angleterre, comme nous l'avons dit, toutes les terres font enclofes de foffés, fouvent doubles, plantés de haies que l'on rafraichit & tond de tems à autre.

par le bas, laiffant monter les branches les plus fortes pour former la banquette du haut, de diftance en diftance, furtout les noifetiers, les ormeaux, les chênes, les frênes, les hêtres & les faules, mais pas à plus de vingt à vingt - quatre pouces l'un de l'autre, à moins qu'il n'y ait quelques breches, auquel cas on les laiffe plus près ; cela fait, on rafraîchit les foffés, qui doivent avoir au moins trois pieds dans un fond fec, & quatre dans un terrein humide, jettant la terre fur la berge extérieure, hors de la haie, afin que l'on puiffe l'enlever pour les compots ; mais il faut pour cela faire marché avec l'ouvrier, fans quoi il la laifferoit fur le bord du foffé, ce qui gâteroit l'herbe des bordures (1). Si l'on a tondu la haie à une certaine hauteur, on y entrelace des branches feches, avec des pieux pour la défendre jufqu'à ce qu'elle ait repouffé.

Cette pratique ne fauroit être trop recommandée, car les pieux que l'on met étant bien enfoncés, empêchent la haie de jamais pencher à droite ou à gauche, furtout fi on la fait de faules

---

(1) *Bordures*. L'on doit fe rappeler que l'ufage de ce pays eft d'avoir une bordure de trois à quatre toifes le long des haies, en herbage qui fait tout le tour de la piece.

ou autres branches ils reprennent, & font de bien plus de durée.

L'on tond enfuite les branches qui dépaffent, en ne les coupant que ce qu'il faut pour les rendre flexibles & les entrelacer dans les pieux. Tout ce que l'on abat du bois, doit être employé pour regarnir l'intérieur de la haie, qui par ce moyen deviendra impénétrable.

La haie ainfi faite, & les pieux ayant repris, le fermier peut être tranquille fur fa clôture : c'eft pourquoi on ne peut trop recommander l'ufage des haies vives, qui font bien fupérieures aux autres ; car les feches fe détruifent, & pourriffent en fort peu de tems, c'eft toujours un ouvrage à recommencer.

Des Tranchées pour les Deffechemens.

Janvier eft le tems propre pour ces ouvrages. Il a deux efpeces de ces tranchées qu'on eft en ufage de faire dans les terreins fujets à être noyés. Je ne parlerai que de celles couvertes ; il y a deux manières de les faire, foit avec la charrue, foit à la bêche. Dans la première, une charrue paffe plufieurs fois dans le même fillon pour le creufer au niveau des eaux : ou bien on creufe avec une efpece de bêche particulière (1), des rigoles de quatre pouces de large au fond, & s'élargiffant par le haut, fuivant la profondeur. Si un fermier a une terre où il n'y ait pas affez de pierres pour arrêter la charrue, la première méthode fera moins difpendieufe; mais il faut obferver que la charrue ne peut fervir que pour de petites tranchées, la bêche doit être employée pour les grandes.

Suppofons, par exemple, un champ d'une grande étendue, très-marécageux, coupé par plufieurs rigoles ou tranchées paralleles faites à la charrue, multipliées jufqu'à ce que la terre ait bien fon égoût; ces tranchées n'étant pas affez larges s'ébouleront facilement, au lieu que, faites à la bêche & plus larges, elles feront plus durables, & dédommageront bien de la dépenfe.

Les prés marécageux font fujets à porter des joncs & d'autres grandes herbes qui rendent le foin de peu de valeur; cette opération les détruira. Les terres labourables dans le même cas, ne peuvent jamais donner rien de bon, elles font trop fangeufes & tiennent trop à la charrue, dans les tems mêmes où les autres terres font déja labourées & femées; & dans les années molles, les ré-

---

(1) *Bêche particulière*, plus étroite par le bas que par le haut.

coltes y font trop médiocres pour dédommager des frais de culture : quelque attention que vous donniez à faire des maîtres , tant que le terrein fera mol , vous ne pouvez efpérer des récoltes avantageufes , il faut en venir aux tranchées couvertes.

La dépenfe de ces tranchées eft d'environ trois louis l'acre (1) , faites à la bêche , de 3 2 pouces de profondeur , quatre de large dans le fond , & douze par le haut , & rempli de dix pouces de haut ; ce calcul fait à fix fols la toife , en fe faifant dans la faifon où les journées valent vingt-huit fols (2).

L'économe doit fe guider , pour le rempliffage des tranchées , fuivant les circonftances ; fi la pierre eft commune dans le canton , c'eft bien la meilleure manière de les remplir ; à défaut de cela , on peut fe fervir de briques ou d'offemens , ou encore mieux de fagots d'épines , que l'on couche dans le fond , avec de gros gazons renverfés que l'on met par-deffus , & après l'on remplit le tout avec de la terre , & on reffeme de la graine,

---

(1) *L'acre* a cent foixante perches à la mefure de feize pieds la perche.

(2) On peut juger par cette citation combien la main-d'œuvre eft plus chère en Angleterre.

ſi c'eſt un pré, ce qui ne fait aucune perte de terrein (1).

On prétend que dans le comté d'Eſſex on en a rempli, rien qu'avec de la paille, qui ont duré trente ans. On peut encore, pour aller à l'économie, commencer ces tranchées avec la charrue, en la paſſant pluſieurs fois, & enlevant à la bêche la terre qui retombe ; on les finit ſeulement à la bêche, alors c'eſt une dépenſe ſeulement de quatre ſols la perche.

Des Feves.

Si les mauvais tems ont empêché de ſemer les feves d'automne, on peut le faire ce mois-ci, car le plutôt qu'elles peuvent être ſemées vaut le mieux. Ainſi le fermier doit profiter pour cela des premiers tems ſecs, il y a des ſols où il l'eſt beaucoup plus en Janvier qu'en Décembre ; on ſeme ordinairement les feves ſur un chaume de bled ou d'orge, qui a eu une ſeule façon.

La meilleure manière de les ſemer, en atten-

---

(1) *Perte du terrein.* On a pour cela en Angleterre des bêches de trois ou quatre grandeurs, pour achever la tranchée à meſure qu'elle ſe rétrécit.

dant que l'on ait imaginé un bon femoir (1) , eft
en faifant des rayons à la houe à dix-huit pouces
de diftance , ou deux pieds , & les feves mifes à
trois pouces l'une de l'autre ; les raies doivent
être bien droites à caufe du binage à y donner
avec la houe à cheval , inftrument nouvellement
imaginé , très-utile pour ces fortes d'ouvrages qui
deviennent fort-difpendieux à bras d'homme. L'on
doit très-bien fumer la terre pour les feves , &
l'on en fera amplement dédommagé par la récolte , d'autant que cela prépare la terre pour
recevoir du bled : on la fume l'automne , ou dans
ce tems-ci , fuivant le moment le plus propice.

Des Carottes.

Si le fermier juge à propos de donner deux façons pour les carottes , ce que je crois inutile ,
la feconde doit être donnée en Janvier , fi toutefois le tems le permet.

(1) Lorfque cet Ouvrage a été écrit , le femoir de
M. Cooks n'étoit pas connu ; cet Anglois a imaginé
un inftrument traîné par deux chevaux , qui feme douze
à treize arpens par jour , & n'emploie que demi-femence : j'ai vu une ferme de quatre cens arpens , cultivée ainfi avec le plus grand fuccès.

Des

Des Pommes de terre.

Le même raifonnement ci-deſſus peut ſervir à cet article, obſervant ſeulement que pour cette récolte le terrein a dû être labouré, & ſi depuis ce tems les herbes y ont pouſſé, il faut le labourer en Janvier; c'eſt auſſi le moment de mener les fumiers que l'on a préparés, ſi toutefois il gele, car en général on ne peut guère trouver ce mois-ci le moment de labourer.

Des éleves des Beſtiaux.

Les veaux de l'année dernière doivent à préſent être nourris au foin mêlé avec des turneps, des carottes & pommes de terre; il ne faut jamais les laiſſer jeûner, ni manquer de litière, & les tenir propres. Tous ces foins ſont très-eſſentiels l'hiver, pour ne pas retarder leur croiſſance, que la meilleure nourriture de l'été ne feroit pas augmenter, s'ils avoient une fois pâti. Si le foin eſt cher, on doit y ſuppléer avec de la bonne paille, en augmentant la ration des racines; pour les géniſſes & les bouvillons de deux ans, ils peuvent être nourris au foin & à la paille, avec un

peu de turneps, ce qui fait qu'il faut les tenir fé-
parés des veaux de l'année : plus les beftiaux font
jeunes, mieux il faut les nourrir.

Des Bois.

Il y a peu de·parties de l'Angleterre où il
foit avantageux à un fermier de louer des bois,
mais fouvent il ne dépend pas de lui de les prendre avec la ferme, ou de les laiffer ; dans le premier cas, il doit chercher à en tirer le meilleur
parti poffible ; ce mois-ci eft celui où il doit toujours s'en occuper, & doit prendre fes ouvriers à
la tâche.

Il y a des cantons où l'on met feulement le
bois en ramier, & on le vend comme cela ; dans
d'autres endroits on le fait débiter en fagots, pieux,
perches à houblon, claies, &c. je crois cette dernière méthode plus profitable (1).

On eft fort divifé fur l'âge auquel on doit

____

(1) *Plus profitable.* L'ufage étant en général en Angleterre de ne brûler que du charbon dans les chemi-
nées, on ne fait que peu de bois de corde, on fait feulement des fagots pour les fours ; excepté en Suffex &
deux ou trois autres provinces, où les fermiers brûlent
de la corde.

couper les bois , on le fait depuis neuf ans juſqu'à vingt-ſept ; douze à quatorze c'eſt l'âge le plus
ordinaire.

J'ai vu des bois où on laiſſoit à la coupe un
brin ſur chaque ſouche , pour qu'à la ſeconde il
y ait de gros brins dans chaque ramier ; mais
il eſt à craindre que ces brins n'attirent toute la
ſève , & ne faſſent tort aux autres rejettons : en
général , il y a plus d'eſpece de marchandiſes à
faire dans un vieux bois que dans un jeune , &
par conſéquent le débit en eſt plus ſûr. La plus
grande attention que doit avoir le fermier qui a
des bois , c'eſt d'en bien entretenir les clôtures ;
car il vaudroit mieux pour lui que ſon bétail
s'échappât dans ſes bleds que dans un jeune
bois , où ils font un dégât réel pour trois ans.

Si le bois eſt trop grand pour que ce ſoit une
dépenſe trop forte de l'enclorre , c'eſt alors le cas
de le couper tard , puiſqu'à douze ans les beſtiaux
n'y peuvent plus faire de mal.

Un grand point eſt de ſavoir à quel âge chaque eſpece de bois acquiert ſon plus grand poids ;
pour cela on peut prendre des brins égaux de chênes , d'ormes , de hêtres , &c. à ſix ans , à douze
ans & à vingt-quatre , & voir quel eſt le plus péſant ; c'eſt un eſſai bien aiſé à faire en petit , car
en grand il demanderoit trop de ſoin.

Dans les bois de hêtre de Buckinghamshire, on

fuit une autre méthode ; on coupe les brins de trente à quarante ans , & au lieu de les couper en taillis à plein , on élite les arbres les mieux venans , & on laiffe toujours les plus beaux ; on fait cela pendant plufieurs années , ce qui rapporte dix-huit à vingt liv. l'acre par an , & on en forme par la fuite de belles futaies , on fcie les arbres ainfi abattus , à la longueur propre pour faire de la charpente , & les bouts fe mettent en bois à brûler qui fe tranfporte facilement au marché de Londres par la Tamife , ce qui fera d'un bien plus grand rapport qu'un taillis.

Dans les pays humides , où le hêtre , le frêne & l'orme ne viennent pas , les faules & peupliers y viendront très-bien , ces deux bois font propres à beaucoup de chofes ; dans le comté d'Effex on en fait des tuyaux ou auges couvertes , pour mettre dans les tranchées dont nous avons parlé pour le defféchement des terres ; dans ce pays-là un acre ainfi planté eft d'un auffi bon rapport qu'un de terre labourable.

* * *

N. B. Cet article fur le bois eft abfolument particulier à l'Angleterre , & je ne l'ai traduit que pour ne rien omettre de l'Ouvrage que j'ai entrepris : il y en a plufieurs dans le même cas ; le lecteur intelligent ne s'attachera qu'à ce qui eft analogue au pays qu'il habite.

FÉVRIER.

DES FEVES.

VOILA le mois où il faut femer des feves, fi on ne l'a pas fait en Janvier, à moins que les terres ne foient trop molles ; car lorfque la récolte en vient trop tard, on n'a pas le tems de donner les labours pour mettre du bled.

Les uns les fement avant de labourer, & les enterrent à la charrue, d'autres fement fur le labour & herfent après ; mais dans tous les cas ils les mettent par rayons & labourent à plat ; de la dernière manière, une perfonne marche devant la charrue, qui met les feves dans la raie que la charrue recouvre ; lorfqu'on veut les biner, on fait paffer la charrue à cheval entre deux.

Mais je le répete, je préférerois pour cet ouvrage qu'on fe fervît d'une charrue à femoir, qui abrégeroit bien l'ouvrage : on peut encore fe fervir d'un petit femoir en forme de brouette à bafcule, cela épargneroit bien du tems & de l'argent.

Un fermier qui a un bon fol pour les feves,

doit donner tous ſes ſoins à cette récolte qui eſt très-avantageuſe ; en en faiſant uſage, il peut bannir la méthode pernicieuſe des jachères. Le binage que l'on donne aux feves, eſt une eſpece de labour de plus encore pour la terre ; mais il faut abſolument donner cette façon avec la houe à cheval, car à bras d'hommes cela feroit trop diſpendieux, & ne feroit pas un auſſi bon ouvrage.

Si un cultivateur veut calculer la dépenſe & la recette des terres pourſuivies en jachère, ou des feves cultivées ainſi, il verra combien la dernière méthode eſt préférable.

Les feves viennent parfaitement dans les terres fortes, dans les terres rouges, mais dans le ſable ou dans le gravier il faut y ſuppléer par une autre récolte.

Le cultivateur doit ſe rappeler que, ſi dans ce mois les terres ſont molles, & que le cheval enfonce & emporte la terre avec ſes pieds, il faut remettre aux Mars tous les labours.

De l'Avoine noire (1).

Voici le tems de cette ſemence, la terre doit

---

(1) *Avoine noire.* Il y a en Angleterre de l'avoine blanche & de la noire, qu'on ſeme en tems différens ; la première eſt beaucoup plus péſante & meilleure.

avoir été labourée d'abord , & on l'enterre à la
herfe ; il faut quatre boiffeaux par acre dans les
bonnes terres , & cinq ou fix dans les médiocres
& les mauvaifes.

L'avoine réuffit bien mieux dans les terres labourées avant l'hiver & herfées au printems ;
il y a un double avantage , puifque cela occupe
les charrues l'hiver.

Il ne faut jamais retarder cette femence que
lorfque l'humidité de la terre empêche de labourer , car il eft fort important que cette récolte fe
faffe de bonne heure.

Des Pois à Cochons.

C'eft auffi la faifon de femer cette efpece de
pois , fur la culture defquels il y a la même obfervation à faire que fur les feves , pour le tems
& la manière de les femer , & les binages à y donner à la houe à cheval.

Cette méthode a tant d'avantage pour détruire
les mauvaifes herbes , que tout bon cultivateur doit
préférer de faire fuccéder ces récoltes aux bleds ,
par préférence à l'avoine ou à l'orge , ce qui vaut
mieux pour les terres , & en même tems rend
davantage. On peut femer ces pois comme l'a-

voine noire , fur des terres labourées d'hiver , &
enterrées à la herfe.

Dans quelques endroits on les plante avec des
plantoirs à quatre pointes, alors il n'en faut qu'un
boiffeau par acre , au lieu de deux.

Il faut remarquer qu'en général les laboureurs
ont la mauvaife habitude de ne mettre leurs pois
que fur des terres qui ne peuvent pas porter autre
chofe , croyant que la faifon favorable fait plus
fur cette récolte que le fol , & qu'en général c'eft
une récolte très-incertaine ; le fait eft qu'ils ne
réuffiffent pas quand les terres font mauvaifes
ou mal cultivées , & qu'ils demandent d'être net-
toyés de la mauvaife herbe pendant leur croiffance;
c'eft au point que , fi un fermier trouve dans fa
ferme une piece de terre que fon prédéceffeur a
laiffé infecter de mauvaifes herbes , une récolte de
feves ou de pois cultivés à la houe à cheval ,
les détruira bien plutôt qu'une récolte d'avoine qui
n'y réuffiroit pas ; au lieu qu'après celle-là l'avoine
ou l'orge y viendra bien , & pourra de nouveau
être fuivie de ces légumes. Une progreffion pareille de récoltes pendant quelques années , main-
tiendra la terre en bon état , & les pois ainfi cultivés n'auront plus la réputation d'être une récolte
incertaine que parmi de mauvais laboureurs.

Des Bordures (1).

C'eſt le bon tems pour remettre ces bordures en ordre, elles ont preſque toutes le défaut d'être trop hautes, ce qui provient des terres que l'on y laiſſe lorſque l'on cure les foſſés, & que l'on n'a pas attention d'enlever auſſitôt, & auſſi du peu d'attention des charretiers, en tournant leur charrue ou leurs herſes; elles ſont ſouvent garnies de buiſſons ou racines, ce qui gâte l'herbe.

On doit alors commencer par faire couper les buiſſons & les mettre en petits fagots, & enſuite mettre les racines en cordes; on paie quarante-huit ſols par cent de fagots de trois pieds, & vingt-quatre ſols par corde de ſeize pieds de long, & trois pieds ſur tous ſens, bien entaſſés, pour lequel prix ils doivent bien régaler & unir la terre; ſi la bordure eſt trop haute, il faut ôter de la terre, la mettre en berge dans le milieu pour que les voitures puiſſent l'emmener dans la cour de la ferme ou ſur des prés, alors on donne deux ſols de plus de la corde pour faire cet ouvrage.

______

(1) *Bordures.* L'on doit ſe rappeler ce que jai dit qu'étoient les bordures le long des haies.

Si un fer de bêche ne fuffit pas pour mettre
la bordure de niveau avec l'herbe, il faut en donner
deux & y refemer de l'herbe, car ces bordures
bien entretenues fourniffent d'excellens fourrages,
au lieu que chez des fermiers négligens, elles font
pleines de ronces & d'épines qui s'élargiffent toujours, & finiffent par gagner la terre & y répandre de mauvaifes graines.

Des Bois.

Ce mois-ci, comme le précédent, eft le meilleur pour couper les taillis & les exploiter en mar-
chandifes dont on croit avoir le plus de débit.
Dans des endroits c'eft le cercle qui fe vend le
mieux, dans d'autres, l'échalat à houblon ou les
fagots; il y a des endroits où les fagots de mé-
chans buiffons fe vendent à merveille; les claies
font en général d'un débit très-affuré.

En général, le fermier doit diriger l'exploitation de fes bois fuivant les demandes qui lui font
faites : cet avis n'eft pas néceffaire aux vieux
fermiers, mais les jeunes ne le trouveront pas de
trop.

De l'Orge.

Voici le tems où l'on doit choisir, dans les champs qui ont porté des navets, celui que l'on croit le plus propre à l'orge, & principalement ceux où les racines ont été mangées dans le champ; si la terre ne paroît pas trop compacte, de sorte qu'un seul labour y suffise, on attendra pour cela le mois de Mars; mais si la terre est foulée & battue, il faudra donner la première façon ce mois-ci, sans quoi cela rejetteroit les semences trop tard.

Des Carottes.

Cette culture est fort importante pour les fermiers qui l'entendent; Mars est le tems propre pour les semer, mais il faut préparer la terre, ce mois-ci. Je suppose que la terre ait reçu un labour bien profond en Octobre, il faut en donner un léger dans ce mois-ci, par un tems sec, ce qui préparera la terre à en recevoir un bon le mois suivant pour semer. Les terres propres aux carottes, sont les terres fortes, les sables ou terreins secs, de sorte que l'on pourra toujours les labourer ce mois-ci ; ce labour ne feroit pas bien néceffaire fi la terre étoit en bon état ; & fi même, après être labourée, la terre étoit bien meuble & fe hersât bien, on femeroit fur ce labour, fans en donner un nouveau en Mars ; car quoique ce mois-là foit ordinairement celui des femences, c'eft plutôt la température de l'air qui doit régler que le refte, & la graine de carotte craint tant l'humidité en général, qu'il vaut mieux la femer en Novembre qu'en Mars s'il eft humide.

Des Choux.

Les terres deftinées du mois d'Avril de l'année précédente pour cette plante, & qui ont été labourées en rayons en Octobre, doivent ce mois-ci recevoir une façon pour renverfer les rayons, mais non pas pour labourer à plat ; cela rendra la terre bien meuble, la façon d'Octobre n'ayant fait que retourner les chaumes : car la culture des choux doit toujours être confidérée comme une jachère qui laiffe repofer la terre, mais qui cependant eft d'un grand profit.

Comme ce labour eft principalement celui qui défigne les choux, (ceux d'automne étant en ufage pour tirer les grains,) il eft à propos de traiter ici en détail cette culture ; tant d'auteurs ont parlé de l'utilité de ce légume pour engraiſſer les beſtiaux, qu'il ſeroit impardonnable de le paſſer ſous ſilence.

Les choux ſont ſi avantageux dans les terres fortes ou argilleuſes, qu'ils mettent à même les fermiers qui ont de telles terres, de nourrir l'hiver autant de beſtiaux que le font ceux qui ont des terres légères avec des turneps.

Le grand inconvénient des fermes où il n'y a que des terres argilleuſes, eſt le défaut de nourritures vertes l'hiver, qui oblige les fermiers à ne nourrir les beſtiaux qu'en foin pendant toute cette ſaiſon, & qui les empêche d'avoir un grand nombre de beſtiaux, & de bénéficier ſur cet objet, tant pour les éleves que par la grande quantité des engrais, qui ne ſe forment jamais ſi bien qu'en ayant de forts troupeaux l'hiver.

Mais tous ces inconvéniens ſont remédiés par la culture des choux, qui eſt, comme je le dis, bien ſupérieure à celle des turneps dans les terres fortes : le calcul ſuivant fera voir la différence de bénéfice des deux cultures. Un acre de terre glaiſe demande au moins trente-ſix livres de dépenſe pour la jachère ; mais la récolte des choux en dédommage bien, & l'orge ou l'avoine qui ſera ſemée après, ſera d'un bien plus grand rapport, ainſi que le trefle que l'on ſemera parmi, au lieu que les turneps n'auroient pu réuſſir dans cette ſorte de terre ; mais un des grands avantages des choux pour la nourriture des bêtes à laine , eft qu'ils paffent tout l'hiver en terre , & peuvent les nourrir jufqu'au printems ; les choux-navets ou choux verts durent tout le mois d'Avril , & même jufqu'à la mi-Mai , les fix dernières femaines où les beftiaux font le plus difficiles à nourrir ; les turneps ne font pas de même , de forte que tout fermier qui a quelques terres propres aux choux , doit toujours en faire quelques acres exprès pour cela.

Des Rigoles pour les eaux.

Ce font ce que nous appelons des *maîtres* qu'il eft à propos de faire ce mois-ci dans toutes les terres où l'on voit féjourner l'eau ; car pour épargner fort peu d'argent que cela coûte , on s'expofe fouvent à perdre toute une récolte. En les faifant , il faut bien obferver la pente , pour que l'eau ne féjourne nulle part ; il faut non-feulement faire des maîtres dans les terres labourées d'hiver , mais curer ceux faits dans les terres à bled.

S'ils font remplis par les terres que les eaux entraînent , ou par les taupes ou autres accidens , il faut bien en tirer toutes ces terres , car on ne fauroit avoir trop de foin de purger les terres d'eaux ftagnantes.

Du Fumage des Prés.

Voici le tems de mener toutes fortes d'engrais fur les prés naturels ou artificiels, comme cendres de bois, cendres de leffive, pouffière de drêche, chaux, &c. & en général tous les végétaux que les pluies d'hiver peuvent répandre fur la terre ; tous ces engrais doivent être menés fur les prés en Février. Mais auparavant de faire un achat confidérable de l'un de ces engrais, il faut effayer en petit, pendant plufieurs années, lequel réuffit le mieux fur vos prés, fans cela vous rifqueriez fouvent de faire de grandes dépenfes, fans vous affurer le profit : & encore ne faut-il pas juger de la bonté de l'engrais au premier moment ; car, par exemple, la fuie & la pouffière de drêche rendent les prés bien verds au printems ; mais c'eft au volume de foin, lors de la fauche, que l'on doit juger de cela : je l'ai moi-même éprouvé, & puis en parler favamment.

Pour calculer cela au jufte, marquez des féparations dans un pré, fupputez le prix de l'engrais que vous y mettez, fauchez & ferrez chaque morceau de pré ainfi fumé féparément ; par exemple, mettez la dépenfe du fumier à un louis l'arpent, à la moiſſon, peſez le foin de la récolte (1), vous ſaurez quel eſt l'engrais qui a le mieux réuſſi ſur votre fond, & eſt le plus économique ; par ce moyen vous ſerez ſûr de votre expérience, & du genre d'engrais que vous devez adopter en grand l'année ſuivante : en eſſayant ainſi, on ne fait rien au haſard, & l'on eſt en garde contre les faux ſyſtêmes.

Du fumage des Bleds en hiver.

Ce mois-ci eſt auſſi le tems de mener des engrais ſur les bleds, comme cendre, ſuie, chaux, fiente des pigeons, terreau ou fumier de lapin de clapier, & beaucoup d'autres engrais conſommés, que l'on a dans le voiſinage des villes ; ſi toutefois il gele.

C'eſt un bon principe de pratique, que cette méthode en agriculture, ſurtout ſur des bleds qui n'ont pas été fumés ; mais il faut calculer que la dépenſe n'excede pas le profit, & ſonger que parmi tous les engrais que nous venons de citer, les vrais fumiers ſont encore les meilleurs.

---

(1) *Récolte.* L'on ne vend jamais en Angleterre le foin à la botte, mais toujours à la charge & au poids.

De

De la Basse-cour.

Ce mois-ci demande les mêmes soins que le précédent pour la propreté des animaux, le soin des fumiers, & le renouvellement fréquent des litières (1).

Plantation de Saules.

Je ne m'étendrai pas beaucoup dans ce calendrier, sur les plantations, qui regardent plus les seigneurs & propriétaires, que les fermiers usufruitiers ; mais les saules étant d'une crue prompte, ce dernier fera bien d'en planter dans les endroits aquatiques de la ferme pour boûcher des trous dans les haies. Cet arbre est d'un très-bon produit pour les tontures, qui donnent des pieux, des échalats, des fagots, &c.

---

(1) *Litières.* Je préviendrai le lecteur à cet article, que l'auteur se répétant ici beaucoup, j'ai abrégé, comme je le ferai par la suite en pareil cas, les autres mois.

D

Des Vesces.

Voici le tems de semer cette graine sur une terre qui a été labourée l'hiver ; si ce mois-ci est sec, donnez une seconde façon, & semez-en trois boisseaux par acre, le tout bien hersé, si c'est pour faucher en verd, & deux boisseaux par arpent seulement, si c'est pour récolter en graine. C'est une excellente culture que la vesce en verd sur une jachère, car on la fauche avant qu'elle en ait tiré le suc ; cela détruit parfaitement les mauvaises herbes, & si vous la semez de bonne heure en Février, la terre sera très-bien préparée pour semer des turneps sur un seul labour.

Il ne faut pas récolter la vesce à graine dans une terre où on veut mettre du bled ; car il n'est pas d'une bonne agriculture de mettre deux fois de suite du grain dans une terre. Par exemple, il ne faut jamais semer de bled après l'orge ou l'avoine, ni faire succéder ces grains au bled, mais faire entre chaque une récolte de turneps, vesce en verd, trefle ou autre fourrage.

Un bon acre de terre en vesce donnera une tonne & demie (1) ou deux tonnes de fourrage,

____

(1) *Tonne.* La tonne de fourrage en Angleterre fait environ deux mille livres, poids de marc.

ce qui fera bien fupérieur à la feconde récolte d'un grain que l'on auroit fait fur la même terre.

De l'arrofement des Prés.

C'eft une partie très-négligée dans prefque toute l'Angleterre, & cependant bien importante, que d'arrofer un pré ou une pâture quand on le peut, en y amenant de l'eau de quelque hauteur voifine, foit par une rivière, un canal ou des tranchées. Quoique cela foit un peu coûteux, c'eft un des meilleurs engrais que l'on puiffe donner à un pré, & l'ouvrage néceffaire pour amener les eaux au printems quand il fait fec, doit fe faire ce mois-ci. S'il y a dans le pré des trous ou creux où l'eau refte, il faut les combler avec la terre des tranchées, & répandre le refte fur le pré, ce qui y fera encore un engrais de plus ; fi le pré eft en pente & qu'il y ait fur le haut un ruiffeau ou un foffé plein d'eau, il faut faire de diftance en diftance des faignées avec de petites vannes, pour lâcher, quand on veut, l'eau dans le pré.

Des Pommes de terre.

Cette racine eſt une des plus lucratives que le fermier puiſſe faire , puiſque le rapport n'en dépend pas uniquement de la vente de la récolte au marché ; elle rapporte bien plus lorſqu'on la fait conſommer à divers animaux , ſurtout aux cochons.

En Irlande , on en nourrit les vaches, les chevaux, les moutons , & généralement toutes ſortes de beſtiaux.

La terre deſtinée aux pommes de terre doit avoir été labourée l'hiver & en Janvier, ſi ce dernier labour n'a pas eu lieu, il le faut donner ce mois-ci ſi le tems eſt ſec , car il ne faut jamais mettre la charrue en terre dans un tems mol ; il ne faut préparer de terre pour cette racine qu'autant que l'on en peut fumer , à raiſon de trente charges de fumier par acre ; car un acre bien fumé vaut mieux que deux qui le ſeroient mal.

Des Compots.

Nota. Il eſt difficile de traduire ce mot en françois, ce qui fait que je l'ai mis tel qu'il eſt, c'eſt un compoſé de fumier & de terre mêlangée enfemble. Un fermier tirera le plus grand avantage des compots faits ce mois-ci avec des matières végétales bien mélangées.

Il y en a de plufieurs efpeces, on peut les claffer comme il fuit : 1°. La glaife ou terre forte, des cendres de leffives, du fumier, de la chaux, du tan, des végétaux pourris, pourvu qu'il n'y ait pas de graine, & on recommence à remettre de la terre, des cendres, &c. autant de lits que l'on veut, fuivant la hauteur de la couche. On peut auffi fe fervir de chaux vive en eau, de plantes maritimes, de fable de mer, fi on en eft à por-tée, qui non-feulement excitent la fermentation des autres engrais, mais fervent auffi à divifer le fond de la terre avec laquelle ils s'amalgament. On fait ces couches fuivant la longueur que l'on veut, mais chaque lit doit avoir fix pouces d'épais, jufqu'à un pied même fuivant quelques auteurs, mais cette épaiffeur eft trop forte pour que la fermentation puiffe s'opérer, furtout à travers la terre forte ou la glaife, ce qui oblige, quand on retourne les compots, à broyer avec la main les parties qui ne font pas divifées, & à les remettre en couche de nouveau, ce qui eft un furcroît de travail & une perte de tems, fans compter que les autres ingrédiens qui fermentent plus vîte perdent de leurs forces.

Je confeillerai donc une autre manière de faire

des compots ; il faut d'abord marquer la place pour en faire deux, & y mettre un lit de fumier. Un homme fe place entre deux, on amene tous les matériaux néceffaires qu'il prend avec une pelle, & il en foupoudre les couches avec chaque matière, l'une après l'autre, les lits étant plus minces, la mixtion eft plus facile, & en deux mois de tems la fermentation fera plus forte qu'en quatre ou cinq de l'autre manière, & ils n'ont befoin que d'être retournés une fois feulement avant de les mener fur les terres, ce que l'on fait en les coupant à la bêche, & les remêlant enfuite comme auparavant ; il ne faut pas après être trop long-tems fans les mener fur les terres, après cette feconde mixtion, car ils perdroient toutes leurs forces. Si on voyoit que la fermentation ne fe fît pas affez vîte, il faudroit faire de grands trous avec un gros pieu au milieu de la couche, & y jetter de l'urine de beftiaux, ou du jus d'une foffe à fumier. Un compots fait ainfi va améliorer toutes fortes de terres, mais furtout des prés ou des pâtures graffes.

On fe fert pour ces derniers d'une charrue à cinq coûtres fans foc qui fend le pré, & y laiffe des incifions dans lefquelles le terreau du compots s'introduit ; l'eau des pluies contribue même au bien de la chofe. Un pareil engrais fait tant d'effet fur un bon pré, que l'année fuivante il porte trois fois plus qu'auparavant.

Il eſt à obſerver qu'il vaut bien mieux faire paſſer cette eſpece de charrue dans les près avant d'y mener les engrais ; cela feroit bien moins d'effet ſi on ne la faiſoit paſſer qu'après.

Si on a un compots conſidérable à faire pour engraiſſer une terre loin de la maiſon , il eſt plus à propos de le faire ſur le haut de la piece même, où on prend la terre pour la mêlanger , on n'a que le fumier à y mener , ce qui abrége fort les charrois. La meilleure place pour faire un compots, eſt un terrein plat , parce que le jus qui en découle ne ſe perd pas ſi promptement , & on peut le ramaſſer autour pour l'arroſer de nouveau, ce qui excite la fermentation.

Il eſt encore bien plus avantageux de les faire dans le milieu de la cour de la ferme , dans un creux en forme de baſſin qui reçoit , par ce moyen , tous les égoûts des étables & écuries autour de la cour ; on a ſoin , lorſque l'on cure les beſtiaux , de ne pas jeter le fumier en tas , mais de le répandre bien également , & de jeter deſſus de la terre que l'on arroſe enſuite avec l'urine des beſtiaux. On continue cette opération , comme nous avons expliqué ci - deſſus , pour la conſtruction du compots , il faut ſeulement avoir ſoin , ſi on y jette des reſtes de fourrage qui puiſſent y introduire de mauvaiſes graines , de ne point mener l'engrais ſur des terres

à grains , mais fur des herbages ou des terres
deftinées à porter des turneps , pommes de terre
& autres plantes deftinées à être binées, ce qui
détruit les mauvaifes herbes que cet engrais fait
pouffer.

M A R S.

D E S O R G E S.

C E mois eſt le plus propre pour ſemer des orges, il réuſſit ſouvent ſemé en Avril, mais il eſt préférable de le ſemer de bonne heure, la terre demande d'être bien préparée ; celle qui a porté des turneps eſt bien la meilleure, d'autant que c'eſt le tems où les beſtiaux achevent de manger ces racines dans le champ ; on peut alors ſemer l'orge ſur une ſeule façon, la terre ayant été bien préparée pour les engrais & labours avant les turneps.

Quoique j'aie dit qu'il étoit plus avantageux de ſemer les orges aux Mars, cependant comme ce grain demande une terre ſeche, il faut, après un hiver pluvieux, attendre que la terre ſoit bien reſſuyée ; ainſi il eſt poſſible que tout le mois ſe paſſe ſans que la charrue puiſſe entrer dans la terre ; car un conſeil important à donner à tout laboureur, eſt de ne pas ſemer dans des terres molles quelques graines que ce ſoit. Si la terre eſt bien meuble & ſe herſe parfaitement, cinq boiſſeaux par acre ſuf-

fifent ; mais fi le terrein eſt en motte , & ne s'a-
meublit pas bien , il en faudra fix ; fi vous n'avez
pas de terre à turneps pour l'orge , ou que votre
fol foit glaifeux , il ne faut pas attendre que le
hâle le prenne , & on peut femer l'orge dès la
fin de Février & le commencement de Mars. Il
y a des laboureurs qui , dans ces fortes de terre ,
ont une autre méthode de cultiver l'orge ; après
la moiſſon , ils tirent de diſtance en diſtance des
rayons bien creux , qui reçoivent les eaux de l'hiver ; par la gelée , ils mettent du fumier fur cette
terre , qu'ils laiſſent en tas dans ces raies ; au moment de le femer , ils le répandent , & jettent
deſſus la femence qu'ils enterrent à la charrue , &
herfent le terrein après , c'eſt une excellente manière , & qui ne peut manquer de donner de fuperbes récoltes ; on peut la pratiquer fur des terres
qui ont porté des feves , des pois , &c. on peut
alors ne femer que quatre boiſſeaux l'acre , il faut
enfuite herfer plufieurs fois dans tous les fens. Le
meilleur ufage que l'on puiſſe faire de l'orge , eſt
de le mettre fur des terres deſtinées à porter du
trefle en fuivant l'ordre de culture ci-après. —

On feme d'abord des turneps , choux ou feves , après de l'orge , fur lefquels on met le trefle ;
on laiſſe le trefle fur pied toute l'année fuivante ,
& la troifième on le retourne après la deuxième
coupe , pour y mettre du bled ; quelque culture que

vous faisiez la première, l'orge doit toujours suivre une récolte pour laquelle on a fumé , &
être semée avec le trefle qui se ressent de cet engrais.

Quelques fermiers peu avisés ne sentent pas
l'avantage de cette culture ; s'ils ont des près naturels, ils diront que ferons-nous de tant de trefle ?
Comment un homme qui a quelque argent dans
sa poche, peut-il faire un raisonnement aussi faux ,
& ne pas acheter des bestiaux tant que sa ferme
en peut tenir ? d'ailleurs quelle récolte feroit-on
suivre à l'orge , les grains ne doivent jamais se
succéder l'un à l'autre , sans qu'il y ait une récolte d'herbe ou légume entre deux , suivant les
meilleurs principes d'agriculture. L'herbe prépare
même mieux la terre encore que les feves, turneps ou la vesce. Le bled se seme après un trefle
sur une seule façon & réussit à merveille (1) D'ailleurs il n'est pas de récolte de grain qui paie
son maître aussi bien qu'une de trefle, qui sert à
nourrir les chevaux, les bêtes à cornes & à laine,
mieux que tout le reste , sans compter qu'il rend

------

(1) J'ai vu , par moi-même , en Angleterre, la preuve
de ce que l'auteur avance , & j'ai remarqué, à mon grand
étonnement, que le bled ainsi semé sur une façon, étoit
aussi beau qu'un à côté qui en avoit eu quatre.

la terre parfaitement meuble, pour porter enfuite
du bled ou de l'avoine.

Il y a deux manières de le femer ; la première,
de le femer après que l'orge eft herfé, & de l'enterrer par un fecond herfage ; la feconde, eft de
le répandre fur la terre lorfque l'orge eft levé,
& de l'enterrer après avec le rouleau.

L'inconvénient de la première méthode, eft que
la pouffe du trefle nuit fouvent à celle de l'orge ;
il eft vrai que fi le trefle montoit très-haut tout
de fuite, il y auroit peutêtre du profit de faucher
le tout avant que l'orge ne monte en épi pour le
former comme du foin, ce fourrage rapporteroit
plus pour la nourriture des beftiaux, que la récolte du grain que l'on manqueroit (1).

De l'Avoine.

L'avoine blanche doit être femée ce mois-ci par
préférence, & les fermiers doivent bien fe garder
de donner dans l'erreur commune de ne la femer

______

(1) Je n'ai pas achevé ni entré dans de grands détails
fur ce chapitre, ne croyant pas cette méthode pratica-
ble en France, à moins d'une grande féchereffe ou tout
le foin manqueroit, & alors je doute que le trefle poufsât
affez pour cela.

qu'après les autres grains ; elle demande les mêmes préparations que l'orge , & cette récolte paie bien le cultivateur de fes foins ; c'eft encore une erreur de croire que l'orge rend plus que l'avoine blanche bien cultivée ; j'ai été témoin de plufieurs effais à cet égard, où la récolte d'avoine égaloit & quelquefois furpaffoit celle de l'orge , la quantité dédommageant bien par fa fupériorité de l'infériorité du prix.

Quelle bonne raifon peut-on donner pour croire que fi une terre n'eft pas affez bien préparée pour mettre de l'orge, l'avoine y réuffiffe ? il n'y en a, je crois, aucune. L'argument ordinaire, mais faux, eft de dire qu'elle donnera une récolte fuffifante pour payer les frais , mais le profit fera nul ; ce qui eft un fyftême toujours faux dans un bon agriculteur. Quel profit retirera-t-on d'un champ où l'on fera fuccéder l'avoine à une récolte d'orge, ou à une de bled, fi on fuit le fyftême des jachères ; le grain après un autre réuffira toujours mal, au lieu qu'en la femant après une récolte de légumes, comme nous l'avons dit pour l'orge , elle fera très-avantageufe, & on y pourra femer auffi du trefle deffus : cette méthode eft bien préférable en tout point, à celle de mettre l'avoine fur un chaume de bled.

Pour toutes les raifons ci-deffus, je confeillerai à tout bon fermier de femer également ces deux

grains après une récolte de légumes, & de donner la préférence à celui auquel il aura éprouvé
que sa terre convient le mieux, & toujours y se-
mant du trefle. Dans les bonnes terres il faut
quatre boisseaux par arpent, & dans les terres
légères il en faut mettre six.

Des Pois.

C'est le tems de semer toutes sortes de pois,
qui ne l'ont pas été en Février, & il ne faut pas
attendre plus tard, si le tems est beau; les pois
blancs se sement les derniers, & sur une terre
légére, car ils ne réussissent pas dans les terres
fortes où il y a de la glaise. Cependant il n'y
a pas de sol où les pois ne viennent, en cherchant l'espece qui convient à la terre; dans la glaise
il faut mettre des pois à cochons, sur les terres
de sable ou graveleuses, les petits pois tendres réussissent; on les seme tous avant le labour, ou on
les enterre à la herse. Le premier moyen a de
l'inconvénient. Si la terre est battue par la pluie,
ils ne leveront pas du tout, n'ayant pas la force
de percer la croûte, qui se fera formée sur la terre;
d'un autre côté, en les enterrant à la herse, il y
a l'inconvénient que si la terre n'est pas bien meuble, & qu'ils ne s'enterrent pas, les pigeons & les

oifeaux en mangent la plus grande partie , ce que l'on peut parer, en mettant quelque chofe fur les femences , qui éloigne ces animaux. Si la terre fe fépare bien , il vaut mieux en tout les enterrer à la herfe ; mais fur les autres terres , il eft plus avantageux de fe fervir de la charrue , pour les garantir avant la levée, de la grande ardeur du foleil qui les brûle , furtout dans les terres féches.

Il faut femer les pois après du grain , comme bled , avoine , &c. mais furtout après le bled , parce que dans une bonne agriculture , il doit toujours y avoir du trefle de femé fur les orges & avoines ; la manière* fuivante de difpofer les récoltes , eft auffi très-avantageufe : 1°. Des turneps ou choux , fuivant le terrein ; 2°. de l'orge ; 3°. du trefle ; 4°. du bled ; 5°. des pois. Quand le bled a fuccédé au trefle , vous pouvez tirer après , une bonne récolte de poix , & vous revenez après au premier ordre ci-deffus. Il eft plus avantageux fouvent de femer les pois à la charrue à femoir , parce qu'ils font bien plus faciles à biner à la main ; il n'y a point de récolte qui paie mieux ces frais-là que celle-ci ; lorfqu'ils font femés à la charrue ordinaire , ce travail devient beaucoup plus difficile : un autre avantage eft la femence que cela épargne , on y gagne un boiffeau & demi par acre ; il feroit même plus avantageux d'avoir une charrue qui seme plusieurs rayons à la fois à distance égale, cela abrégeroit encore les ouvrages.

Des Vesces.

Si on n'a pas pu les semer en Février, il ne faut pas attendre plus tard que ce mois-ci pour le faire. (*Voyez ce qui est dit en Février*).

Des Carottes.

C'est à présent la vraie saison de les semer, à moins que le tems n'ait été assez sec pour permettre de le faire en Février. Labourez la terre à l'ordinaire, mais le plus à plat possible ; semez-y à la volée, environ 4 livres de semence par acre. L'idée générale est de croire que les carottes ne viennent que dans le sable, mais cela est faux, car elles viennent parfaitement dans les terres rouges, légères ou humides, pourvu qu'elles aient du fond ; car il faut que la charrue, en fonçant, amene toujours une terre de la même qualité. Une terre sablonneuse qui auroit ces mêmes qualités, fourniroit de très-bonnes récoltes ; le sable noir est le meilleur. Mais malgré cela, je le répete, les carottes réussissent dans les autres terres, quelque-

fois

fois même dans les terres fortes , mais jamais dans la glaise. La seule raison pour laquelle on donne la préférence aux terres sablonneuses, est que la culture en est plus facile , tant pour la plantation que pour le binage , dans le cours de l'année.

Si vous voulez avoir une superbe récolte de ces racines, mettez sur la terre quinze ou vingt voitures de fumier bien pourri, par acre ; enterrez-le à la charrue, ensuite semez les carottes & enterrez-les à la herse ; la récolte sera abondante , & une de celles qui dédommageront le mieux du fumier que l'on y menera.

Ce n'est pas que beaucoup de gens disent que le fumier ne vaut rien aux carottes , parce qu'il les fait monter trop vîte , les empêche de grossir ou leur donne un mauvais goût ; mais je n'ai jamais eu de preuves de pareilles assertions : un principe général en agriculture , est que les engrais doublent les produits.

Je ne peux pas quitter cet article sans conseiller cette culture à tout bon fermier , non pas en petit pour un ou deux arpens , mais un enclos entier , comme de navets , bleds , &c. ce qui lui fera d'un très-grand profit , valant jusqu'à cinq louis l'acre , frais faits, ce que nulle récolte , même celle de bled ne donne, excepté les pommes de terre , sans compter que cela ameublit parfaitement les terres.

E

Des Panais.

Cette racine eſt recommandée par pluſieurs auteurs qui ont écrit ſur l'agriculture , comme préférable même aux carottes. Je crois qu'il n'y a
pas de comparaiſon à faire , ſi ces dernières ſont
ſemées à propos & dans des terres convenables :
il eſt certain que cette plante réuſſit dans la glaiſe
la plus forte , ſi on fume bien avant. Ceux qui
voudront en faire l'eſſai , doivent les ſemer ce mois-
ci , & ſuivre les mêmes procédés qui ont été re-
commandés pour les carottes ; & alors , avec de
bons engrais , cette culture pourra réuſſir.

Des Pommes de terre.

Mars eſt la meilleure ſaiſon pour les planter ,
la terre ayant été labourée l'hiver , & reçu une
ſeconde façon en Février. Le premier tems ſec
de ce mois-ci , on doit la fumer en fumier bien
pourri , & l'enterrer à la charrue , en en mettant
vingt-cinq à trente voitures par acre , & le répan-
dant bien également , & puis herſer enſuite.

Une des manières de les planter eſt d'avoir un
plantoir à trois dents , qu'un homme enfonce dans

la terre en mettant le pied deſſus , & fait trois
trous en terre à la fois ; un petit garçon le ſuit ,
qui jette le plant dans le trou & le recouvre avec
ſon pied ; il faut après cela herſer la terre deux ou
trois fois : voilà la meilleure méthode. Les rayons
doivent être faits à neuf pouces l'un de l'autre ,
pour pouvoir ſe biner facilement. Une autre manière , moins diſpendieuſe encore , eſt de les ſemer
devant la charrue qui les recouvre. De ces deux
manières , il en faut vingt boiſſeaux par acre.

On défriche ſouvent un herbage pour y mettre
des pommes de terre , & pluſieurs cultivateurs préfèrent cette méthode. On commence par mettre
ſur le pré que l'on veut défricher quinze ou vingt
voitures de fumier , alors vous l'enterrez avec la
charrue , & plantez les pommes de terre de la manière indiquée ci-deſſus ; le gazon retourné , en ſe
pourriſſant , forme un nouvel engrais.

Une autre méthode eſt de mettre le fumier ſur
le pré , par couches à deux pieds de diſtance l'une
de l'autre ; on poſe les pommes de terre ſur le
fumier , on laboure enſuite les intervalles , & on
jette le gazon ſur les pommes de terre , il ſe conſomme & ſert enſuite à les buter.

On peut planter auſſi des pommes de terre ſur
des bordures (1) que l'on défriche l'hiver pour

---

(1) *Bordures* ; on ſe rappelle ce qui a été dit ci-

détruire les racines ou les ronces autour des haies ;
c'eſt dans ce mois qu'on y doit planter des pommes de terre en rayons , qui y réuſſiront à merveille , à cauſe du bois pourri qui eſt tombé de
la haie , & qui fait une ſorte d'engrais ; elles ſeront bonnes à cueillir à la fin de Septembre , &
la terre n'en ſera que plus propre à produire
enſuite de l'herbe.

C'eſt une attention que ſouvent beaucoup de
fermiers négligent , parce que la plus petite dépenſe
les effraie , & qu'ils ne calculent pas que vingt-
quatre ſols dépenſés à propos leur rapportent dix
fois plus au bout de l'année : ces bordures ſur leſ-
quelles on a jeté toutes les terres ſorties du foſſé ,
deviennent un excellent fond. Ce ſont de ces attentions qu'un fermier intelligent ne manquera jamais d'avoir.

En ſuivant les principes de la nouvelle culture
avec la houe à cheval , pour les pommes de terre ,
on doit laiſſer deux pieds d'intervalle entre les
rayons , pour que le cheval ne foule pas la plante ;
cette méthode eſt bien plus économique que la
houe à bras , on prétend même qu'elle peut diſ-
penſer de fumer ; mais je ne conſeillerai jamais à

---

deſſus , des terres encloſes de haies & de foſſés , & de
l'entretien de ces bordures.

un fermier, tant qu'il aura des engrais, de ne pas
en mettre fur fes terres le plus qu'il pourra.

Des Choux.

Il y a des faifons pour planter les choux, depuis la fin d'Avril jufqu'au commencement de Mai,
ou au milieu de l'été. Dans tous les cas, le premier labour a dû être donné à Noël. Si le deuxième n'a pas été fait en Février, il faut le faire
en Mars, au plus tard ; furtout, fi c'eft pour planter en Avril ; il doit être en fillons & non à
plat.

Le commencement de ce mois eft auffi le bon
tems pour femer la graine de choux ; il faut proportionner le terrein pour cela à celui que vous
voulez enfuite replanter, en calculant fur une livre
de graine pour trois acres que vous aurez à replanter. Il faut prendre la meilleure des terres de
la ferme pour cette femence, & y mettre du fumier abondamment & bien pourri ; ce qui fera facile, puifque vingt perches de terre fuffifent pour
en replanter dix acres : la terre doit être bien
herfée & bien unie, mais il n'eft pas néceffaire
de la paffer au rateau.

Quant aux efpeces de choux, il y en a plufieurs ; les meilleures efpeces font les choux d'E-

coffe & le chou Américain, pour nourrir les vaches & les bœufs jufqu'à la mi-Mars, & le chou-
navet pour nourrir les moutons jufqu'à la mi-Mai.
Par ce moyen vous pourrez facilement faire paffer
l'hiver à vos vaches & moutons, ce qui eft un
article très-important en agriculture. Les choux
qu'on replante en Avril & Mai doivent être des
deux premières efpeces dont on vient de parler ;
car tout ce que l'on 'a dit de la graine à femer
dans ce mois-ci, ne regarde que ceux à replanter
l'été.

Des terres à Turneps.

Les terres deftinées à cette culture ayant été,
comme je le fuppofe, labourées à Noël, doivent
recevoir une feconde façon ce mois-ci, & être
bien-herfées ; & fi la terre eft fort couverte de
mauvaifes herbes, on la labourera encore une fois
en Avril ou Mai, pour les bien détruire, la terre
ne pouvant être trop meuble pour recevoir cette
femence.

Des femés de Trefle.

Mars eft le tems propice pour femer cette gra-
minée avec les avoines ou les orges. On met quinze
à vingt livres de graines par acre. Il y a deux

manières de les femer, ou le lendemain que l'on
a femé le grain, en l'enterrant à la herfe, où après
que l'orge ou l'avoine eft levée, en l'enterrant avec
le rouleau. Cette dernière méthode a l'inconvénient de gâter la première femence, fi on la pratique dans un tems humide.

Un bon fermier ne doit pas négliger cette culture, & je crois que c'eft une excellente méthode de femer du trefle fur tous les bleds &
avoines ; on ne doit même femer de ces mêmes
grains que dans des terres où l'on peut mettre
de l'herbe avec ; fi on fait autrement, c'eft une
mauvaife économie.

Dans les tems médiocres furtout, un fermier
qui agiroit autrement feroit fûr de perdre au bout
de l'année. Dans ces fortes d'emplois, le profit ne
dépend que du grand nombre de beftiaux que
cette culture vous met à même d'élever ; quelle
perte n'en réfulte-t-il pas fi on n'en feme pas
affez !

Tout fermier qui fentira la vérité de cette affertion, ne femera jamais une raie de mêmes
grains fans trefle, quand il fentira que cela n'augmente fa dépenfe que de la femence, qui eft un
objet de douze livres au plus, tandis que le rapport eft un des plus lucratifs, parmi les plantes
que l'on fauche. S'il eft bien gouverné, cela donne
au moins deux coupes. Ce fourrage eft excellent

pour les chevaux, pour les moutons, pour les vaches, & même les cochons.

Un autre grand avantage du trefle, eſt de nettoyer parfaitement la terre de mauvaiſes herbes, & d'améliorer le ſol. Si vous le ſemez ſur une terre qui porte du grain (1) pour la première fois, vous pouvez le laiſſer un an ſur pied, & y faire ſuccéder une récolte de bled, ou de mêmes grains ſur un ſeul labour ſans fumier, & ſans crainte d'avoir une ſeule mauvaiſe herbe; grande diminution de tems & de dépenſe, choſe bien eſſentielle à conſidérer en agriculture. Une preuve bien convaincante que le trefle n'épuiſe pas la terre, & la bonifie, eſt de voir les ſuperbes récoltes de bled que l'on y fait l'année ſuivante ſur une ſeule façon.

Un fermier qui aura la pratique de ne jamais ſemer de mêmes grains ſans y mettre du trefle, peut être ſûr de faire les plus belles récoltes du canton, par les engrais que cela lui fournira, ſans compter le profit qu'il retirera des beſtiaux, dont il peut élever le double de ſes voiſins avec la même quantité d'arpens de terre.

------

(1) Pour entendre cet article, on doit ſe rappeler qu'en Angleterre on ne met jamais de grain deux ans de ſuite; mais on le ſeme toujours après de l'herbe ou des légumes.

Du Ray-graff.

Cette plante eſt bonne dans quelques pays , &
ſous quelques rapports , mais les laboureurs doivent bien y regarder avant de la cultiver. Elle
vient dans les terres légères , dans les terres fortes,
il faut la mêler avec du trefle ; ſon plus grand
avantage eſt de ſe faucher de bonne heure ; on
peut la donner en verd aux troupeaux : dans de
bons fonds on peut la faucher au commencement
d'Avril. Si on la ſeme pure , il faut quatre boiſſeaux à l'acre , ſi on la mêle avec du trefle , deux
ſuffiſent avec douze livres de trefle ; ce fourrage
d'ailleurs ne vaut rien ſumé (1).

Des Troupeaux.

On doit finir ce mois-ci de nourrir les troupeaux avec des turneps , car ſi on les laiſſe plus
longtems en terre , la récolte d'orge ou d'avoine

---

(1) L'auteur a ſans doute voulu parler du ray-graff
à large feuille ; car le *ray-graff* ou faux ſeigle eſt un
excellent fourrage , cultivé dans le Suſſex & le midi de
l'Angleterre.

qui doit fuivre en fouffrira ; d'ailleurs, dès que la
végétation commence, ces racines ne valent plus
rien, & les animaux n'en veulent que lorfqu'ils
font bien affamés. Le fermier doit difpofer les
chofes, de manière que fes turneps finiffent à la
fin de ce mois, & mettre fon bétail aux choux.
Ce changemeut de nourriture ne leur peut faire
que grand bien, & fait furtout profiter beaucoup
les agneaux.

Voici la faifon en général où les troupeaux
de toute efpece, les brebis, les agneaux & les
moutons, pour engraiffer, doivent être bien nourris ; car s'ils jeûnent en cette faifon, ils dépériront
bientôt, & ce fera une grande perte pour le
propriétaire. Un fermier intelligent doit réferver
pour cette faifon, la vefce en verd, le ray-graff,
les choux, furtout pour les agneaux ; car s'il met
fon troupeau en cette faifon dans les prés, fa récolte de foin s'en reffentira.

Pour les moutons à tuer, le bon tems pour
les vendre eft à la fin de Mai, tems où ils fe
vendent le plus cher ; auffi un fermier intelligent
aura toujours deux enclos de choux pour mettre
fon troupeau, en fortant au quinze Mars de ceux
des turneps. Avec un pareil foin, il fera fûr de
faire un grand profit fur fes moutons.

Cette nourriture demande quelques attentions ;
s'il fait fec, on peut faire confommer ces choux

dans le champ , comme les turneps , en mettant feulement des claies , pour que le troupeau n'en foule pas aux pieds plus qu'il n'en peut manger en un jour ; s'il fait humide , il vaut mieux les faire arracher , & les leur donner fur une pâture feche près le champ.

Des Vaches.

Dans ce mois-ci on doit nourrir les vaches , géniffes ou veaux à l'étable , & ne les laiffer aller dans aucun champ ni pâture , parce que n'y ayant pas encore de quoi les nourrir en verd ; s'ils mangeoient feulement une ou deux poignées d'herbe, cela les dégoûteroit enfuite du fourrage fec , fans compter qu'ils abîmeroient les herbages avec leurs pieds , & qu'on perdroit un bon engrais que l'on trouve en les laiffant courir dans la cour de la ferme , que l'on peut tenir fermée , fi toutefois il y a de l'eau dedans , ce qui eft bien préférable à s'en rapporter aux domeftiques pour les faire boire Il faut que la cour foit toujours parfemée de litière , foit paille , chaume ou fougère; car plus il y en a , plus ces animaux vous feront de fumier , ce qui eft la grande richeffe des cultivateurs.

Un fermier qui éleve des veaux , ou qui en a

en févrage dans ce tems-ci , doit les faire foigner bien fcrupuleufement dans une cour à part, où il ne leur manque rien ; ces animaux doivent toujours avoir le ventre plein, il faut leur donner en verd des choux, comme aux vaches à lait, & en fec de bon foin.

Des Chevaux & Bœufs.

Le tems des femences eft celui où ces animaux travaillant le plus doivent être le mieux foignés , ils doivent travailler dix heures (1) par jour, mais pour cela il faut que les charretiers ou bouviers qui labourent n'aient que cela à faire, & ne foient pas occupés du foin de leurs chevaux ; il doit y avoir un garçon de cour, qui dès le matin harnache les chevaux après les avoir fait boire & manger , & en fait autant à midi & le foir ; par ce moyen les charretiers vont à l'ouvrage à fix heures , & ramenent à onze heures les

---

(1) On voit par-là la différence du travail dans ce royaume. Les chevaux ne font toute l'année que huit heures de travail en une feule attelée , le refte de la journée, les charretiers travaillent dans la cour. Les chevaux ne fortent jamais qu'à fept heures du matin , jufqu'à trois après midi.

chevaux pour dîner, lefquels trouvant leurs rateliers garnis, ont affez d'une heure & demie pour
dîner, & retournent jufqu'à fix heures du foir.
De cette manière, deux chevaux peuvent labourer un acre & demi par jour. Les labours de
Mars, quand le tems n'eft pas trop humide, font
les meilleurs de l'année, & font préférables à deux
qui ne feroient donnés que dans le mois de Mai.

Des Maîtres pour tirer les eaux.

Dans toutes les terres femées & labourées ce
mois-ci, il faut tirer des maîtres pour égoutter les
eaux, on les fait à la charrue, & enfuite on les
fait curer à la bêche. Beaucoup de fermiers n'ont
pas cette attention, ce qui cependant les expofe à
perdre les plus belles récoltes, par un orage ou
une inondation.

Des Feves.

On doit les femer la première femaine de ce
mois-ci, mais pas plus tard; il faut fe rappeler que
plus on feme tard, plus on doit fumer; cette culture eft fort importante dans des terres fortes, furtout fi on renonce au principe abufif des jachères.

AVRIL.

DE L'ORGE.

L'ORGE qui n'a pas été femée en Mars, doit l'être au plus tard le quinze de ce mois, fans quoi la récolte n'en vaudra rien; fi on la feme fur une terre qui a porté du bled l'année précédente, elle doit avoir reçu un labour avant l'hiver, & un fecond en Mars; fi au contraire la terre a porté des turneps, une feule façon bien herfée dans ce mois-ci fuffit; il y a des fermiers qui, pour pouvoir donner deux façons, remettent à femer leurs orges la première femaine de Mai, mais ils y perdent plus qu'ils n'y gagnent. Voici un calcul qui a été fait, fur ce que l'orge femée en différens mois rapporte de boiffeaux pour un de femence, d'où il eft facile de partir pour un calcul.

En Février, douze & demi pour un.
En Mars, onze & demi.
En Avril, huit & demi.
En Mai, fix.
En Juin, trois & demi.

Ce tableau prouve l'avantage de femer de bonne heure : cependant je crois qu'il y a une grande quantité de terres où on ne peut pas femer ni labourer en Février, comme les terres fortes, les fonds humides ; mais dans les fables ou les terres graveleufes que l'on a pu labourer l'hiver, il peut y avoir un avantage à femer de bonne heure, mais jamais, je crois, affez fort pour rapporter ce qui eft dit dans la table ci-deffus.

Il y a même encore une chofe à craindre en femant les orges de fi bonne heure, c'eft que s'il vient des gelées ou neiges après qu'elles font levées, c'eft autant de perdu.

Au refte, fi le terrein ou le tems n'a pas permis de femer de bonne heure, il faut ce mois-ci ne labourer qu'au moment de femer ; car fi vous laiffiez les terres trop longtems labourées, les pluies qui font communes pendant ce mois, battroient la terre, & feroient que l'on ne pourroit plus y entrer pour herfer ni femer, ce qui retarde alors les femences, & caufe une perte réelle au fermier.

On doit conclure, de tout ce que nous venons de dire, que dans les terres fortes on doit commencer à labourer la terre l'hiver, en rayons, pour que les eaux s'imbibent, en y faifant des maîtres pour les égoutter ; enfuite les labourer, femer & herfer de bonne heure au printems, en ayant foin que le femeur & les herfes fuivent de près les

charrues, pour qu'en cas de pluie, on puisse semer sans donner le tems à la terre de se plom-
ber , & ne jamais laisser , moyennant cela , une
terre labourée à moitié semée , tandis que l'autre
ne l'est pas.

Beaucoup de fermiers, pour l'appât d'avoir quelques champs de plus pour leurs troupeaux , ne labourent pas l'hiver leurs terres destinées à l'orge,
ce qui est fort mal fait, car au printems ils labourent tard, la terre ne s'ameublit pas bien , & ils
sement trop tard.

Les meilleures récoltes d'orge en Angleterre se
font dans des terres argilleuses, labourées en rayons
avant l'hiver , fumées ensuite par la gelée, & se-
mées à la fin de Février ou au commencement de
Mars. La plus grande partie des cultivateurs d'Angleterre soutiennent, ainsi que tous les écrivains ,
que les meilleures récoltes se font sur des terres qui
ont porté des turneps ; je ne combattrai point cette
opinion , mais seulement j'examinerai si ce sont les
turneps qui ont amélioré la terre , ou les fumiers
qu'on y a mis ; je crois que c'est plutôt ce dernier
engrais , car on fume très-bien pour les turneps,
on donne trois façons aux terres , on y met les
moutons pour manger les turneps pendant les mois
de Janvier, Février & Mars, ce qui équivaut presque
un second parcage. Mais faites une épreuve : divi-
sez une piece de terre en deux parties égales ; dans
l'une,

l'une ; cultivez des turneps & de l'orge, comme nous venons de dire, & dans l'autre, qui aura porté une autre récolte quelconque, recueillie en Octobre, donnez un bon labour à la fin de ce mois, fumez l'hiver, & femez-la en orge, de fort bonne heure, au printems, je fuis fûr que vous aurez une récolte fupérieure à l'autre moitié de la piece.

Si on a affez d'engrais dans une ferme pour fuivre cette dernière méthode, je la crois préférable, & on fait alors fuccéder aux turneps une récolte que l'on peut femer tard fans inconvénient, comme par exemple du bled de turquie, qui, quand eft bien cultivé, eft d'un excellent rapport, & n'épuife point la terre.

On voit qu'en général, lorfque la terre eft bien préparée, il eft plus avantageux de femer de bonne heure ; ce premier point eft furtout très-important pour le trefle, que l'on doit toujours femer avec l'orge, dans les principes d'une bonne agriculture, & c'eft principalement pour préparer la terre à cette plante, que les labours d'hiver font néceffaires.

Les auteurs font très-partagés, ainfi que les cultivateurs, fur la quantité de femence que l'on doit employer ; quatre boiffeaux par acre font ordinairement affez : dans la glaife pourtant, ainfi que dans les terres graveleufes, il en faut cinq. Il y a des fermiers qui prétendent que deux boiffeaux fuſſiſent dans des terres bien meubles, mais je n'en crois rien, quoiqu'en général tout cela ſoit ſuivant le terrein. Dans une terre bien fumée & bien préparée, trois boiſſeaux peuvent ſuffire, ſurtout ſemés avec le trefle, parce que quand l'orge eſt trop forte, cela l'étouffe.

Il y a beaucoup d'Ouvrages qui traitent du plus ou du moins de ſemence que l'on doit mettre dans les terres ; mais l'on peut ſur cela ſuivre les réſultats des expériences qu'on a faites ſur ſon ſol.

Des Pois blancs.

Voici la propre ſaiſon pour ſemer les pois blancs, autrement appelés pois pour bouillir. Les terres doivent être légeres, ſablonneuſes, ou même graveleuſes, bien labourées & herſées ; on en met trois boiſſeaux par acre : c'eſt une plante très-bonne à cultiver dans les ſols dont je viens de parler, qui détruit très-bien les mauvaiſes herbes ; mais ſur des terres fortes ou argilleuſes, la récolte n'en ſeroit pas profitable, ou au moins il faudroit que les terres fuſſent bien préparées & bien meubles.

Du Bled de Turquie.

La terre deſtinée pour ſemer cette graine en
Mai, doit être labourée ce mois - ci , car il faut
qu'elle le ſoit deux fois en tout, & herſée trois
ou quatre fois ; non pas que cela ſoit néceſſaire
pour la graine même, mais pour l'herbe que l'on
doit toujours ſemer avec. Le ſecond labour enterre les mauvaiſes herbes que le premier a fait
croître , & qui engraiſſent d'autant la terre. Je conſeillerai aux fermiers d'eſſayer davantage de cette
culture ; ſur vingt paroiſſes, il y en a dix-neuf qui
ne connoiſſent le bled de Turquie que de nom :
il a pluſieurs avantages , entre autres un très-
grand, eſt de préparer parfaitement la terre pour
du froment, mieux qu'aucuns autres légumes.

Un boiſſeau ſuffit pour ſemer un acre, ce qui
ne fait que le quart de la dépenſe de l'orge ;
on ne doit ſemer qu'à la mi-Mai, parce qu'alors
on a bien le tems au deuxième labour de tirer
toutes les mauvaiſes herbes que le printems aura
fait pouſſer, & vous n'avez pas le riſque que les
mauvaiſes terres faſſent manquer vos récoltes ,
comme on voit ſouvent pour les orges & avoines ; cela ſe vend auſſi bien que l'orge , lorſqu'il
eſt connu, & eſt beaucoup meilleur pour engraiſſer des cochons ou de la volaille ; c'eſt la meil-

leure des graines pour femer de l'herbe avec, cela lui donne le même abri que l'orge, & ne lui enleve pas tout le fuc de la terre.

Du Trefle.

On feme le trefle, comme nous l'avons dit, avec l'avoine ou l'orge ; il en faut quinze livres de graine par acre dans un terrein bien fumé & dans un bon fond, dans le cas contraire, il en faut mettre au moins vingt livres; car une bonne terre produira plus de trefle avec moins d'engrais, qu'une médiocre avec plus. Il y a des tables de comparaifon & de calcul à l'infini pour cela ; mais le principe que j'avance n'y eft fondé que fur ce que j'ai éprouvé moi-même, chacun doit donc là-deffus effayer la quantité de femence que fon fol demande ; par exemple, j'obferverai qu'à cet égard, l'argile & la terre graveleufe font dans le cas d'être traitées de même, ce qui prouve que plus ou moins de graine dépend moins de la qualité du fol, que de la manière dont il eft engraiffé : cette réflexion eft faite de même dans les voyages de M. Yong, fameux écrivain anglois, fur la partie de l'agriculture.

De la Garance.

Voici le vrai tems pour femer la garance fur une terre qui doit avoir été labourée au mois d'Octobre, bien égoutée l'hiver par de bons maîtres qu'on y aura tirés ; on doit redonner un fecond labour au commencement de ce mois, & herfer la terre plufieurs fois ; & enfin les derniers jours d'Avril recommencer le labour & le herfage : alors la terre eft en état d'être plantée. Les plants doivent être pris dans un vieux champ de garance ; lorfque les tiges ont deux pouces au plus de haut, il faut les arracher, car plus le plant eft petit, mieux cela vaut, & les mettre dans l'eau à mefure qu'on les arrache ; un autre ouvrier les reprend tout de fuite dans l'eau pour les planter, afin de ne pas leur donner le tems de fe fécher. Il faut des gens au fait pour faire ce dernier ouvrage, & difpofer les rangs avec ordre, à deux pieds de diftance l'un de l'autre, & relevant un peu la terre en rayons, parce qu'alors les eaux s'égouttent l'hiver, fans avoir befoin de tirer des maîtres dans la terre, qui au refte doit avoir été labourée à plat ; des hommes ou femmes paffent devant, & relevent la terre en efpece de foffé, un enfant fuit derrière & met le plant dedans.

Si on admet la culture de la houe à cheval, il faut laisser des intervalles de trois à quatre pieds, mais alors on peut mettre deux rangs de plant dans chaque rayon ; cette méthode est plus économique, comme je l'ai déja dit pour d'autres plantes, celle-ci devant être nettoyée avec beaucoup de soin. On ne doit pas s'inquiéter beaucoup si la plante pousse peu le premier mois ; si cependant il venoit de grandes sécheresses, il seroit à propos d'arroser.

La garance ne réussit pas dans toutes sortes de terres, les opinions sont très-partagées sur la nature de celles qui lui sont propres : aussi ce que je puis conseiller de mieux à celui qui voudra entreprendre cette culture, est d'en essayer en petit avant de s'y livrer.

Une autre chose à considérer est la difficulté du débit. Un fermier éloigné de la ville ira très-souvent quatre ou cinq fois de suite au marché porter sa garance, sans être préparée, (son état n'étant pas de le faire), sans trouver à la vendre ; ou souvent, pour en savoir le cours, il écrira à un marchand, qui lui répondra qu'elle vaut quatre louis le quintal ; & si d'après cela, il en mene au marché suivant, on ne lui en offrira plus que trois, on lui répondra qu'elle est baissée : il n'en est pas moins vrai qu'il en sera pour son voyage. Quant à moi, sans décrier la culture de la garance, je dirai que je n'aime point à cultiver une plante dont le débit n'eſt pas aſſuré, ni le prix réglé, & où il faut s'en rapporter à la conſcience des marchands.

Si l'on vouloit encourager la culture de cette plante, & établir dans le royaume des manufactures pour la préparer, il ſe formeroit bientôt des foires aux environs, où les cultivateurs ſeroient aſſurés de vendre : ſans cela, cette culture ne s'accréditera jamais beaucoup dans le royaume.

De la Luzerne.

Cette plante eſt une des plus fameuſes que l'on cultive en Angleterre, & depuis quelques années elle a été, plus qu'aucune autre, un ſujet de diſſertations, & les opinions ont bien varié à cet égard. Je n'entrerai pas dans tous les détails ſur les trois principales manières de la cultiver, dont les auteurs ont traité : ſavoir, en la ſemant à la volée, avec un ſemoir, ou par tranſplantation.

Si vous uſez de la première méthode, il faut que ce ſoit avec du bled de Turquie (1) ſur une

_____

(1) Je crois cette aſſertion bien générale ; car en France, où cette méthode n'eſt pas connue, on ré-

bonne terre, peu humide, bien nettoyée de toute
efpece de mauvaifes herbes, & dans le meilleur
état de culture poffible ; il faut vingt livres de
graine par arpent, on la feme à plat fur la terre,
& on paffe deux ou trois fois la herfe deffus ;
avec ces foins, la luzerne ne peut manquer de
réuffir fur un bon fonds : mais dans du fable, du
gravier de craie ou de chaux, elle manquera prefque toujours.

Pour la cultiver au femoir, le mois d'Avril eft
le tems propre. La terre ayant été labourée l'hiver, bien égouttée, & enfin ayant reçu un dernier labour en Mars & un au premier de ce
mois-ci, au dernier labour on forme des planches
de cinq raies, & on herfe bien enfuite ; à la fin
de ce mois, on met fur les planches de bon fumier ou compots bien confommé, de manière
qu'il n'arrête pas la herfe ni le femoir, enfin, à
la fin d'Avril on enterre ce fumier par un dernier labour, dans les planches de cinq pieds feulement, en les relevant un peu, & on feme enfuite le grain en rayons, à un pied l'un de l'autre : cinq livres de graines par acre fuffifent pour
cette culture. La tranfplantation fera traitée un autre
mois.

---

colte de fuperbes luzernes avec de l'orge ou de l'a-
voine.

La culture de la luzerne au femoir eft très-avantageufe dans de bonnes terres, & bien fumées: un bon fermier doit toujours en avoir une certaine quantité, pour en difpofer pour les différens ufages auxquels elle eft propre.

D'abord, pour nourrir les chevaux au verd, en la fauchant tous les jours, pour les vaches à lait, les géniffes d'éleve, les bœufs qui travaillent, & même pour engraiffer. Mais le premier objet eft le meilleur, & un bon fermier doit mettre dans le printems tous fes chevaux à cette nourriture, & avoir toujours un certain canton de luzerne deftiné à cela. Un bon acre de luzerne, bien ménagé, peut nourrir quatre ou cinq chevaux, du dix Mai au premier Octobre, ce que nulle autre herbe ne pourra faire. Je ne puis trop confeiller à tout bon cultivateur d'avoir un nombre fuffifant d'arpens de luzerne bien préparée, bien foignée, & où, furtout, on ait bien foin de détruire les mauvaifes herbes qui l'étouffent & en altèrent la quantité.

Du Sainfoin.

Il y a des parties de l'Angleterre où les fermiers ne pourroient pas payer moitié de leurs fermages, fans la reffource de cette plante dans des terres de gravier , de fable , ou des terres à chaux : quelque pauvre que foit le terrein, le fainfoin y réuffira.

Avril eft le bon tems pour le femer ; la feule attention à avoir eft que la terre foit bien nettoyée de mauvaifes herbes , & bien meuble. On le feme fur une façon , avec de l'orge ou du bled de Turquie , & on l'enterre avec un tour de herfe feulement; il faut que la herfe foit un peu péfante , fans quoi il faudroit deux tours; & le faire par un tems bien fec.

Sur un terrein à fainfoin on ne doit pas héfiter d'en femer , car aucune plante ne rapportera autant dans des terres médiocres qu'on loueroit à peine un écu l'acre pour labourer ; & en fainfoin , elles rapporteront deux cens & demi ou trois cens bottes l'arpent, à la première coupe , & fournira enfuite un excellent pâturage.

Le produit de ce fourrage eft excellent, il n'en refte jamais au marché, & la confommation en eft fûre , tous les animaux en étant friands.

Les terres de la qualité de celles où on feme du fainfoin, en les mettant en labour , ne rapporteroient jamais autant que femées ainfi , quand ce ne feroit que pour en faire un pâture pour les bêtes à laines.

La quantité de femence néceffaire eft de quatre

ou cinq boiffeaux par acre; on le feme à la volée, & il réuffit prefque toujours.

De la Pimprenelle (1).

Voici le bon tems pour femer cette plante, &
la meilleure manière de la cultiver eft d'en femer
un boiffeau par arpent, avec de l'orge, de l'a-
voine ou du bled de Turquie, dans un terrein
frais, & d'y donner trois tours de herfe. Il n'en
eft pas comme du fainfoin, cette plante vient dans
les terres médiocres, mais plus le fol où on la
met eft bon, mieux elle réuffit, & plus elle eft
abondante.

Le grand ufage de la grande pimprenelle eft
pour nourrir les moutons au printems : car fi on
la laiffe un peu haute l'automne, fans la couper, elle pouffe tout l'hiver, malgré les plus grands
froids, même fous la neige, & fera bonne à faucher
de très-bonne heure au printems. Elle a pour cela
l'avantage fur toutes les autres plantes artificielles ;
elle réuffit fort bien auffi mêlée avec du ray-graff,
en en mettant trois picotins avec deux boiffeaux de
ce dernier fourrage par acre.

----

(1) L'auteur anglois l'appelle *burnet*, c'eft ce nous appelons en France grande pimprenelle.

Des Troupeaux.

Il n'y a rien qui demande plus les soins du fermier, que la nourriture de son troupeau, en Avril & Mai; le degré de perfection sur cet article prouve le plus ou le moins d'intelligence du fermier, & est plus important que tous les autres travaux de la ferme.

Ces soins dépendent de l'abondance des turneps & du foin, que l'on aura ménagée l'hiver; car si cette nourriture vient à manquer, on est forcé de faire manger au troupeau quelques cantons de trefle ou de pré, ce qui nuit à la fauche. On peut leur faire manger quelquefois du bled ou seigle en herbe, quand il est trop fort.

Beaucoup de fermiers manquent dans le royaume à un objet si important, de sorte qu'une grande partie ne peut pas garder autant de bêtes à laine qu'ils le voudroient, par défaut de nourriture. Ces deux mois-là, il y a des cultivateurs assez intelligens pour ménager leurs turneps, au point que non-seulement les racines puissent nourrir les brebis, mais encore pour que les feuilles & rejets de ceux qui montent à graine puissent leur faire une pâture verte de bonne heure; ils font aussi tous les ans un clos de ray-graff ou de trefle, dans une terre bien préparée, à demi-femence, pour faire un bon pâturage au printems, jufqu'au quinze de Mai, tems où il y a affez d'herbe dans les pâtures ordinaires : cela eft d'autant plus né-ceffaire que, 1°. fouvent les feigles & bleds ne font pas affez forts pour pouvoir, fans inconvé-nient, y mettre le troupeau ; 2°. Rien ne fait plus de tort aux pâturages, que d'y mettre les mou-tons trop tôt, au printems ils arrêtent la première pouffe d'herbe ; 3°. Rien ne nuit plus à la récolte d'orge qui doit fuivre les turneps, que de les ar-racher ou faire manger top tard, en retardant le tems des labours & celui de la femence, fans comp-ter qu'une fois que les turneps commencent à mon-ter, la racine eft creufe & ne vaut plus rien. Je confeillerai donc d'avoir, comme je l'ai dit, un petit champ de trefle & ray-graff, qui dès le com-mencement d'Avril doit avoir trois pouces de haut; cela fera un excellent pâturage pour fix femaines au printems. Mais il ne faut pas compter fur cette nourriture feule, pour peu que l'on ait un fort troupeau, car il faudroit bien des acres de terre pour le nourrir, & l'emploi de la terre ne feroit pas proportionnée avec le profit que l'on feroit fur le troupeau, qui feroit toujours inférieur. Mais voici ce qu'un cultivateur prévoyant doit faire.

Il ne doit pas lui refter un feul turneps fur pied après le mois de Mars, mais il doit alors avoir un champ de choux-navets tout prêt pour mettre le troupeau, ce qui fera d'un excellent rapport & occupera bien moins de terrein, fourniffant bien plus de nourriture, en peu d'efpace, & ne retardant par conféquent la femence d'orge que fut un bien petit terrein; & fi le tems même eft beau, cela n'y fera prefque pas de tort; les gelées ne font aucun mal à ces choux que l'on peut conferver jufqu'au 15 de Mai, tems où ils montent à graine, & ne valent plus rien à manger; on feme auffi pour le même objet des grands choux d'Ecoffe & d'Amérique, mais ces deux efpeces durent moins, parce qu'elles montent à graine plutôt. Je confeillerai de préférer les choux - navets. Plufieurs auteurs s'accordent à dire que de ces derniers un arpent peut nourrir pendant fix femaines un demi-cent de bêtes; d'après ce calcul, il eft aifé à un cultivateur de favoir ce qu'il en doit femer tous les ans.

Une autre plante fort bonne à cultiver pour nourrir les bêtes à laine, eft, comme nous l'avons dit plus haut, la grande pimprenelle; un arpent en vaudra mieux que trois de trefle ou ray-graff; car fi cette plante a fix pouces de haut en Novembre, & qu'on ne la fauche pas, elle grandira encore de deux pouces, quelque grand froid qu'il faffe, jufqu'au mois de Février; cette nourriture fera excellente dans le commencement du printems, non-feulement pour les brebis, mais pour les chevaux & vaches, cela en nourrira bien plus, & fera bien plus profitable pour manger dans les champs, que toute autre efpece d'herbage.

***

Des Vaches.

Il n'y a pas de profit pour un bon fermier de fortir fes vaches de la cour ce mois-ci, s'il a une bonne provifion de choux & de paille, elles lui feront plus de bénéfice à la cour, par la quantité du fumier; & il faudroit qu'il eût bien de l'herbe de trop, pour les y mener ce mois-ci; car ces bêtes n'y trouvant pas affez de quoi vivre fe dégoûteroient, malgré cela, des fourrages fecs après, fans compter que cela fait tort à l'herbage. Les vaches à lait & les vieilles deftinées à l'engrais doivent toujours avoir des choux à difcrétion, & ne jamais manquer de litière.

***

Des Chevaux.

Les chevaux doivent encore être nourris à l'écurie ce mois-ci, & on ne doit pas fonger à en mettre aucuns à l'herbe, ni leur ménager la litière, pour qu'ils vous faffent plus de fumier, non plus que la nourriture ; car voilà le tems où les forts ouvrages commencent, & où les chevaux travaillent dix à douze heures par jour.

***

Des Bœufs.

On fera la même observation sur les bœufs, qui doivent aussi être bien nourris : les choux ne doivent pas leur manquer ; si c'est de gros bétail, il leur en faut à chacun cinquante livres par jour : ce calcul prouve combien il est avantageux & nécessaire de cultiver cette plante avec une certaine étendue.

***

Des Cochons.

Les truies doivent en ce mois-ci être prêtes à mettre bas, elles demandent beaucoup de soins, ainsi que les cochons de lait & les cochons à l'engrais ; elles ne trouvent encore rien dans les champs, il faut les tenir enfermées dans la cour de la ferme, où les batteurs, qui doivent encore travailler tout le mois, leur fourniront d'amples nourritures : outre cela, vos débris de turneps, carottes, panais, & les eaux de la laiterie, doivent
les

les entretenir en bon état, pourvu que les foins & la litière ne leur manquent pas.

———————

Des Patates.

Les patates ou pommes de terre doivent commencer à être binées à la fin de ce mois, pour y détruire toutes les mauvaifes herbes; cette opération eft néceffaire, & dédommage bien de la dépenfe par le profit qu'elle donne.

———————

Des Carottes.

Si elles ont été femées de bonne heure, elles feront auffi bonnes à biner à la fin de ce mois. La regle eft de commencer cette opération dès que la plante dépaffe les mauvaifes herbes; mais il ne faut jamais la faire par un tems mou. On fe fert pour cela d'une houe de trois pouces de large, avec un manche de deux pieds; l'ouvrier doit être à genou, comme les jardiniers pour farcler l'oignon; s'il y a beaucoup d'herbe, cet ouvrage vaut trente-fix livres l'acre, & le profit de la laiterie en augmentera bien de trente fols par jour.

———————

G

Des Choux.

Avril est le tems de replanter les choux semés d'automne; c'est un ouvrage très-aisé & peu dispendieux, mais il faut avoir de l'attention pour le bien faire. Un peu avant de planter, on doit avoir achevé de labourer & d'enterrer le fumier; ce dernier labour doit être en grandes planches, un peu bombées & bien hersées, si c'est pour planter en rayons de cinq pieds & biner à la houe à cheval; mais si c'est pour cultiver à la main, on doit mettre la terre en rayons, & planter un rang sur chacun.

Des enfans posent d'abord les plantes de distance en distance, le long des raies où on doit les planter, alors un homme suit avec une houe, & les plante; par ce moyen, la besogne est très-promptement faite, & on peut la faire faire pour cent sols ou six francs l'acre. Si le tems est beau, on fera travailler le soir, le plus tard possible, car la rosée & la fraîcheur ne peuvent faire que du bien aux plantes.

La culture de cette plante est très-utile pour nourrir toutes sortes de bestiaux; un bon acre de choux peut rendre de trente-cinq à quarante tonnes pésant (1), & rendre par-là cinquante écus

_____

(1) La tonne pèse douze cens.

ou deux cens francs, jufqu'au mois de Janvier, frais faits, ce qui vaudra mieux que trois récoltes de bled, demandant moins de dépenfe : auffi je ne puis trop confeiller cette culture en grand.

Le choux-navet a l'avantage fur toutes les autres efpeces, à caufe du.tems où cette plante fe prolonge dans le printems : car, comme je l'ai dit à l'article *troupeau*, le plus loin que les turneps puiffent aller eft la fin de Mars, & c'eft le moment où il eft le plus difficile de nourrir les troupeaux; au lieu que les choux-navets les conduifent à la mi-Mai (1).

Cette culture a le grand avantage de réuffir parfaitement dans les terres fortes, où les turneps manquent, & de ne point épuifer la terre, ce qui eft une découverte très-utile pour les fermiers qui n'ont que de ces fortes de terre, & qui fe ruineroient en foin au printems.

Cette plante demeurant en terre jufqu'à la mi-Mai, il n'eft plus tems d'y femer des mêmes grains; il y a dans ce cas deux méthodes à fuivre : la première, c'eft d'y faire fuccéder du bled de Turquie, dans les lieux où il réuffit; la feconde eft d'avoir toujours un enclos deftiné aux choux-navets à la fin. Dès que la confommation

---

(1) L'auteur anglois répète à ce fujet tout ce qu'il a dit à l'article *troupeau*, ce qui m'a paru inutile.

en eſt finie ; on retourne la terre & on la fume ;
à la mi-Juin, on donne un ſecond labour ; nous
verrons ci-après la ſuite de cette méthode (1).

Des Bois & Haies.

Dans ce mois-ci , tout doit être fini dans les bois,
tant pour la coupe que pour les charrois qui abîment les rejets ; il faut auſſi bien relever les foſſés ,
pour empêcher les beſtiaux d'y entrer. C'eſt auſſi
le moment d'avoir achevé de tondre & nettoyer
les haies , & ramaſſer les fagots, pour ne pas
arrêter la pouſſe de l'herbe.

Du nettoyage des Prairies artificielles.

Il faut , au commencement de ce mois - ci ,
avoir ſoin de bien ſarcler les herbages ſemés l'année d'auparavant, n'y pas laiſſer une ſeule mauvaiſe herbe , arracher le long des haies toutes les

____

(1) Dans les deux articles qui ſuivant celui-ci , l'auteur
recommande de tirer des maîtres dans toutes les terres
à avoine & orge, & de donner un bon labour bien
herſé aux terres pour les turneps, ce qui ne méritoit
pas un chapitre entier.

ronces & épines qui auroient pu y poufler, &
bien répandre toutes les buttes & taupinières.
Cette opération étant faite, on doit faire pafler
fur ces prairies le rouleau à cheval, qui unit bien
le terrein, & le difpofe de manière que la faux
puifle également pafler partout. On doit pour
cela fe fervir d'un rouleau plus péfant & plus
grand que ceux dont on fe fert pour rabattre les
orges. Plufieurs cultivateurs ont porté auffi à un
fi grand excès le poids de leurs rouleaux, qu'un
cheval ne pouvoit plus les mener, ce qui eft parfaitement inutile.

On a imaginé à préfent en Angleterre une nouvelle opération pour l'amélioration des prés, dont
dont j'ai déja parlé, c'eft d'y faire pafler l'hiver
une charrue fans foc, à laquelle on ne laifle que
le coûtre; cela fend la terre, & la difpofe à recevoir les engrais, de telle nature qu'on veuille y
mener, & les pluies entrant dans la terre, y font
plus d'effet pour la végétation : cette préparation
eft fouvent plus avantageufe pour les prairies,
que d'y pafler un rouleau trop péfant, furtout
lorfque les plantes font en train de poufler, cela
les comprime trop & arrête leur croiflance : il y a
de l'excès à tout. Le rouleau doit écrafer feulement les trous des taupes ou des vers, & non
pas rendre la terre trop compacte, un excès dans
le poids produit ce dernier effet, & devient une

dépenfe confidérable & inutile ; la nature du terrein plus ou moins ferme doit auffi fervir de regle
en cette occafion.

Du Houblon.

Le commencement de ce mois eft le tems propre pour en planter. On doit avoir labouré la
terre bien profondément en hiver , l'avoir fumée
& relabourée en Mars , puis bien herfée ; après
cela on fait paffer un charretier habitué à tirer
des maîtres dans les champs, qui , avec fa charrue , trace des raies bien creufes , de huit pieds en
huit pieds , ce qu'il fera auffi bien qu'avec un cor-
deau , s'il en a l'habitude. Quand il a fini , on lui
fait refaire la même opération en travers , ce qui
divife la piece en quarrés de huit pieds fur tous
fens ; alors on forme des buttes aux angles , &
par ce moyen on peut donner toutes les façons
à la houe à cheval , ce qui eft bien moins cher
que de cultiver le houblon en foffes , comme au-
trefois.

Du Lin.

La fin de ce mois eft le bon tems pour femer cette graine ; la terre qui lui convient eft un fol gras, bien ameublé par les labours, fitué dans quelque vallée, au bord d'un ruiffeau, ou encore mieux, fur des terres que les rivières ont couvertes pendant quelques mois, comme nous l'avons dit pour le chanvre : un fond de terre tremblante, où il y a de l'eau deffous à une certaine profondeur, convient auffi au lin, ce qui fait qu'il a fi bien réuffi dans la Zélande depuis quelques années ; mais il faut que de pareils fonds foient bien cultivés & fumés, & rencontrent une année feche.

On a remarqué, dans les Lettres de la Société de Dublin, que les fonds humides avoient fourni de fortes récoltes de lin, même avec une moindre quantité de femence ; M. Duhamel, dans fes Ouvrages, recommande les terres fortes pour cette plante, préférablement à tout autre fol.

Dans les provinces méridionales du royaume, plufieurs cultivateurs fement leur lin en Septembre & Octobre ; cette pratique réuffit affez bien : la plante foutient bien l'hiver, & dès le commencement du printems elle entre en végétation, & fe récolte par ce moyen beaucoup plutôt. Ils en fement auffi d'autres au commencement du printems ; mais ils remarquent que cette dernière femence réuffit toujours beaucoup moins bien ; c'eft-à-dire, pour la quantité, car la qualité du lin eft plus fine que celui qui a paſſé l'hiver déhors. M. Duhamel parle auſſi beaucoup pour le lin ſemé avant l'hiver. Cependant il y a tant de riſques à courir pendant les gelées, les neiges & les grandes pluies, pour cette plante qui eſt ſi tendre, que nous ne traiterons ici que de la culture du lin au printems.

En général, la terre deſtinée à cette plante ne ſauroit être trop meuble & en trop bon ordre de culture, par les différens labours & les meilleurs engrais que l'on y peut mettre : par exemple, ſi c'eſt une pâture défrichée à laquelle on veuille faire porter du lin, il faut préparer la terre pendant dix-huit mois ou deux ans, pour qu'elle ſoit en état de produire une belle récolte de lin. Il eſt vrai que pendant cette intervalle, pour ne pas perdre abſolument ſon travail, on peut faire porter à la terre qu'on y deſtine, des plantes qui ne ſéjournent pas longtems en terre, comme feves, pois & turneps, qui demandant pluſieurs labours & binages, entretiendront toujours la terre en bon état, & détruiront à la longue les mauvaiſes herbes qui tueroient le lin.

L'Ouvrage fameux intitulé : Corps d'obſervations de la Société d'agriculture de Bretagne, nous dit que la meilleure terre pour mettre du lin, feroit un bois défriché où l'on brûleroit les ſouches & racines ſur place, comme font les Livoniens.

Si le terrein deſtiné à porter du lin eſt argilleux, il faut bien prendre garde de ne pas le labourer par un tems mou, il deviendroit trop compact. Si la terre auſſi a été longtems ſans être labourée, il faut qu'elle le ſoit avant l'hiver, en rayons bien creux, pour que les pluies & les gelées la rendent meuble pour recevoir les façons ſuivantes.

En Février, s'il ne fait pas trop mou, on y conduit du fumier bien pourri, & on l'enterre tout de ſuite, en Mars dans les provinces du midi, & au commencement d'Avril dans celles plus ſeptentrionales : on donne un dernier labour, & on a ſoin alors de rendre la terre auſſi meuble qu'il eſt poſſible ; on fait caſſer les mottes avec un outil à la main, puis on répand la ſemence qu'on enterre légérement avec une herſe où l'on met des épines, qui n'enterre pas la ſemence de plus d'un pouce. Si le terrein eſt mou ou froid, il faut ſemer un peu de fiente de pigeon avec la graine, car cet engrais réuſſit parfaitement pour le lin ; mais il ne faut pas le faire ſur une terre légère ou ſur un terrein ſec, car cela brûleroit.

Il faut auſſi avoir bien attention, ſi la terre n'a pas beaucoup d'égoût, de tirer de bons maîtres pour bien deſſécher la piece ; car rien n'eſt ſi nuiſible à cette plante que d'avoir le pied dans l'eau.

Notre meilleure graine de lin vient du Nord, principalement de Riga dans la Zélande ; mais nous en pouvons récolter d'auffi bonne en fuivant les inftructions indiquées ici. La graine de lin eft réputée bonne, quand elle eft large, huileufe, lourde & d'une couleur brune & foncée ; on connoît facilement fi elle eft huileufe, en en écrafant quelques grains ; elle eft affez lourde, quand en en jettant dans un vafe d'eau, elle va tout de fuite au fond. Pour connoître fi elle n'eft pas trop vieille, il faut en compter un certain nombre de grains, que l'on feme fur une couche bien chaude, & on compte enfuite fi tous les grains levent.

Quand la bonté de la graine eft reconnue, on en feme plus ou moins épais, fuivant que l'intention du cultivateur eft de récolter du lin pour graine, ou avoir de belles tiges pour filer ; dans ce dernier cas, on le feme un peu épais pour que les tiges pouffent un peu ferrées, & foient par conféquent plus minces, ce qui ajoute beaucoup à la fineffe des fibres de la plante ; fi, au contraire, on feme le lin pour en récolter de la graine, il faut le femer beaucoup plus clair, pour que les plantes étalent davantage, & prennent par conféquent plus de vigueur.

Plufieurs cultivateurs fement des graminées avec le lin, s'ils font dans l'intention de faire enfuite une pâture de la piece. La plante pouffe lentement

fous le lin, mais après qu'il eſt arraché, elle reprend de la vigueur; couvre bientôt le champ, &
donne un nouveau profit. Le lin eſt quelquefois en-
dommagé par les inſectes, lorſqu'il n'a que trois
ou quatre pouces de haut; on dit que pour les
détruire, il faut y répandre une légère ſemence de
cendres : il eſt certain que, ſi cette opération ne détruit pas les inſectes, elle donnera toujours de la
vigueur à la plante, pour laquelle ce ſera encore
un nouvel engrais.

MAI.

De la Cour de la Ferme.

VERS le douze de ce mois, le fermier doit examiner s'il a affez d'herbes pour ceffer de raffourer ; mais il n'y doit pas fonger avant : car s'il met fon bétail dans un herbage, avant que l'herbe foit bien pouffée, il lui en faudra une fi grande étendue, qu'il ne lui reftera prefque rien à faucher.

Dès que les beftiaux font lâchés, il faut ramaffer tous les fumiers de la cour, & en former des compots avec de la terre, de la chaux, de la marne, comme nous avons dit plus haut ; il faut employer à cet ouvrage le plus de bras poffibles pour l'expédier, afin que cet engrais refte quelque tems mêlangé avant qu'on ne le mene fur les terres, fans quoi la fermentation ne fe fait pas fi bien. La méthode que l'on doit fuivre pour cela, eft de commencer par relever les fumiers du milieu de la cour le long des murailles, & enfuite de creufer au milieu un foffé de trois ou quatre pieds, pour recevoir l'égoût des fumiers ;

après cela on commence à faire les lits, comme
nous l'avons expliqué, & avec une pelle creufe,
on arrofe à mefure chaque couche de terre ou
chaux avec le jus de fumier qui fera dans le foffé,
on fait enfuite des tranchées dans le compots,
avec des bâtons ferrés, pour y faire introduire
ce jus, ou même de l'eau de marne ou d'é-
goût, s'il y en a quelque réceptacle à portée de
la cour : par ce moyen, vous aurez un excellent
mélange d'engrais, pour mener fur les terres qui
doivent porter des choux ou des turneps ; c'eft
dans le foin & le fuccès d'un pareil travail que
l'on reconnoît un bon fermier, fi tout ce qui fort
des étables eft bien employé, il aura de quinze à
vingt charges de fumier, par tête de grande bête,
& environ dix par chaque porc, en ne comptant
pas les petits, le tout compris un tiers de terre ou
chaux mélangée avec le fumier, ce qui d'une voiture en fera fix.

Il y a plus, fi une pareille couche eft faite
fur terre & refte ainfi tout l'hiver, la terre fur
laquelle elle a été faite eft fi imbibée d'urine &
de jus de fumier, ainfi que de l'urine des beftiaux, qu'elle formera un auffi bon engrais à mener
fur les terres que le compots lui-même, & même
préférable à la chaux & à la marne.

Un des grands avantages de cette manière d'engraiffer les terres eft le bon marché dont elle eft ;

les cultivateurs qui en feront la vérification, éprouveront qu'il n'eſt pas une manière plus économique de fumer, il n'y en a pas qui ne monte plus haut de trois à quatre fois, & au-delà.

Il y a même des endroits où les autres engrais ſont ſi rares, que ſi l'on n'emploie cette méthode, on ne peut parvenir à fumer toutes les terres, & il eſt bien peu de ſol qui puiſſe ſe paſſer d'engrais.

Des Beſtiaux nourris dans les Herbages.

Il y a deux régimes uſités pour nourrir les beſtiaux à l'herbe, lorſque la ſaiſon eſt arrivée de leur faire quitter le ſec : une partie des herbagers ſont dans l'uſage de mettre tous leurs animaux à la fois dans une grande & vaſte prairie, où ils courent çà & là, à leur volonté ; d'autres diviſent leurs herbages en petits enclos, où ils les enferment ſucceſſivement, & ne les font paſſer de l'un à l'autre, que lorſque toute l'herbe eſt mangée. Chaque cultivateur qui emploie l'une de ces deux méthodes, croit toujours la ſienne la meilleure : mais cela eſt impoſſible, l'un d'entr'eux ſe trompe aſſurément. Je penſe qu'en général, pourvu que la quantité de terrein à paître ſoit en proportion du nombre des beſtiaux qu'un fermier a à nourrir, il y a toutes ſortes d'avantages à avoir les enclos divisés par des haies ou des paliffades, avec des portes qui ferment; par ce moyen, les animaux mangent toujours de l'herbe fraîche, ils ne la foulent point aux pieds: & comme d'ailleurs tous les herbages ne font pas également gras, on peut mettre les animaux les plus maigres dans les meilleurs cantons.

Il y a deux manières de fpéculer fur l'engrais des beftiaux. La première eft d'acheter des animaux maigres, en Octobre ou Novembre, de les nourrir avec de la paille jufqu'au mois de Février, enfuite jufqu'au mois de Mars avec des turneps, & enfin depuis cette époque jufqu'au mois de Mai, avec des choux-navets ou de grands choux d'Ecoffe; alors on les met à l'herbe pour les achever d'engraiffer, & on les tue en Août ou Septembre.

L'autre méthode eft de ne les acheter qu'à la mi-Mai, à la pointe des herbes, & de les revendre en Octobre ou Novembre fuivant. Lorfque les fourrages ou racines ne manquent pas dans une ferme, & furtout les pailles pour les litières, la première méthode eft plus lucrative; mais dans le cas contraire, le fermier trouvera plus de profit à fuivre la dernière.

Du Bled de Turquie.

La dernière quinzaine de Mai eſt la bonne ſaiſon pour ſemer le bled de Turquie, plutôt ou
plus tard, ſuivant que l'on a eu le tems néceſſaire
pour donner tous les labours , afin de détruire
toutes les mauvaiſes herbes & de rendre le terrein bien meuble. Si les façons d'hiver ne ſuffiſent pas , on donne un dernier labour dans cette
ſaiſon , & on ſeme à la herſe. Cette plante vient
dans toutes ſortes de ſols , excepté les terres fortes ; il eſt d'un bon produit , ſurtout pour remplacer l'orge , ſi un hiver trop pluvieux vous a
fait arriver juſqu'à la fin de Mai, ſans pouvoir en
ſemer ; ou dans des terreins où l'orge ne réuſſit
pas. Le bled de Turquie réuſſit dans les terres fraî-
ches & humides ; il ſe vend bien, & tous les animaux s'en nourriſſent auſſi bien que d'orge moulu ,
il les engraiſſe parfaitement ; enfin un de ſes grands
avantages eſt de ne pas épuiſer la terre.

De la Luzerne.

Ce mois-ci eſt encore très-propre pour enſemen-
cer cette plante ; le terrein doit être bien purgé
de toutes plantes nuiſibles, en bon ordre de culture ,

ture, & préparé comme pour femer de l'oignon, ce qui ne peut guère fe faire avec avantage en Avril. Si on feme cette plante en rayons avec un femoir, on la feme toute feule ; mais fi on la feme à la volée, on peut la mêler avec du bled de Turquie.

Cette plante eft d'un rapport immenfe, & quoiqu'elle ne foit en pleine valeur qu'au bout de trois ans, la feconde année elle donne déja cent écus de produit par acre : il n'eft certainement pas en agriculture de plante d'un rapport fi certain & d'une culture plus facile, fans être difpendieufe.

Le fermier doit feulement, pour jouir de ces avantages, deftiner les meilleures terres de fa ferme à cette culture, & ne pas épargner les engrais avant de la femer, & même après, fi elle ne leve pas également partout. Quel eft le genre de récolte qui puiffe rapporter à un fermier cent écus par acre tous les ans, une fois la première dépenfe faite, & même plus, s'il renouvelle l'engrais ?

On peut nourrir cinq chevaux pendant les vingt-fix femaines de l'été, dans un acre de luzerne, ce qui ne fait pas quarante fols par cheval ou vache, chaque femaine, ou vingt fols par géniffe. Eft-il aucune autre manière de nourrir autant de beftiaux avec la récolte d'auffi peu de terrein ?

H

Un fermier qui aura vingt chevaux, les nourrira six mois de l'année avec le produit de quatre arpens de terre, qu'il aura seulement attention de réserver à portée de son écurie, pour être à même d'apporter l'herbe & d'y mener de l'engrais; par les mêmes calculs, un fermier nourrira cent vaches avec vingt arpens de luzerne, & un cheval avec trente-quatre perches; le tout pour les six mois d'été. Quel produit plus réel en agriculture?

Quelle quantité considérable d'engrais fera tous les ans un cultivateur qui aura cette ressource pour doubler le nombre de ses bestiaux? Je nourris ainsi mes chevaux à l'écurie tout l'été, en leur faisant ample litière pour me faire beaucoup de fumier. Il en est de même des vaches, bœufs ou éleves; ces derniers se mettent souvent dans un petit clos pour être en liberté; on leur y donne du fourrage verd dans des berceaux. On pourroit employer cette dernière méthode pour tous les bestiaux; mais on en retireroit bien moins d'engrais, qu'en les nourrissant à l'étable. On compte ordinairement dix voitures de fumier par été, pour chaque tête de gros bétail, ce qui, d'après les données ci-dessus, feroient cinquante par acre de luzerne, & cela sans forcer beaucoup en paille pour litière, objet sur lequel je n'épargnerai ni ne conseillerai jamais d'épargner. Il y a bien plus d'a-

vantage pour les fermiers , de nourrir ainfi les
beftiaux, que de les laiffer courir çà & là dans
une pâture , à laquelle ils ne font aucun bien ;
leur fiente fait pouffer l'herbe inégalement & par
touffes, où elle tombe , & ne fume pas la vingtième
partie du terrein.

Ainfi, fans calculer ce que pourroient ajouter
ces cinquantes voitures de fumier, (les frais de litière déduits,) à la valeur de la luzerne, on peut,
fans exagérer , dire que cette plante fournit par
chaque acre fon engrais, & plus de moitié d'un
autre , puifqu'il ne faut que trois voitures par
acre : une culture auffi profitable peut-elle être trop
recommandée ?

Si on me confulte , d'après tout ce que je
viens d'avancer, fur la manière de cultiver la
luzerne par rayons, je répondrai en peu de mots:
Choififfez dans votre ferme la terre qui a produit la plus belle récolte de grain , labourez &
fumez-la bien une année avant, à trois voitures
l'arpent; fi elle eft plate & humide, defféchez-là,
plantez-y des turneps par rayons, cultivez-les deux
fois dans l'année, & après qu'ils auront été ré-
coltés , donnez encore deux labours à la terre ;
lorfqu'elle eft en bonne culture, femez votre luzerne en rayons, à un pied de diftance, & ayez
foin, la première année, de la bien dégarnir des
mauvaifes herbes; enfin, fumez votre luzerne tous

les ans, à demi-fumier feulement, avant l'hiver;
pour garantir la plante des fortes gelées : je ne
vous garantis pas que cette méthode foit la meilleure, mais du moins qu'elle vous rendra plus tous
les ans que les récoltes ordinaires de bled que
vous feriez.

Du Sainfoin.

Semez cette plante avec du bled de Turquie,
& fi votre terre y eft propre, vous en tirerez un
bon profit : car dans les pays où le foin & les pâturages font rares, le fainfoin eft d'un excellent
rapport, & devroit être plus cultivé qu'il n'eft.
On a la prévention de croire qu'il ne vient que
dans la pierre ou dans la chaux, & c'eft mal à
propos que l'on fe figure cela; il eft certain que
la racine de fainfoin craignant l'eau, n'en trouve
pas dans de pareil terrein; mais ce préjugé empêche que cette herbe ne foit cultivée dans beaucoup d'autres parties du royaume, où elle réuffiroit d'un bout à l'autre. Il eft malheureux qu'il n'y
ait pas quelques réfultats d'expérience qui prouvent qu'elle vient dans les terres fablonneufes,
comme dans les terres fortes; car les fermiers en-
racinés dans leur préjugé, ne peuvent fe convain-
cre que par des exemples, & les raifonnemens ne
font le plus fouvent rien fur eux.

Des Carottes.

Si ces racines n'ont pu être efferbées & cultivées le mois dernier, il eft à propos de le faire ce mois-ci, & même de recommencer cette opération, fi la première a été faite de bonne heure, & que l'herbe ait repouffée.

Des Pommes de terre.

On peut faire la même obfervation que pour les carottes, avec la différence que cette culture fe fait avec une charrue à cheval, qui détruit bien toutes les racines des mauvaifes herbes, lefquelles feroient fort nuifibles à cette plante.

Des Choux.

Voici auffi le tems de donner un binage à ceux qu'on a plantés en Avril, pour les féparer des mauvaifes herbes; on peut auffi ce mois-ci donner un labour à la terre, où l'on a deffein de les replanter au mois de Juin.

Des Jachères.

Les fermiers qui fuivent encore le fyftême dé-favantageux de laiffer leurs terres en jachères, doivent ce mois-ci labourer les terres qu'ils defti-nent à porter du bled, pour détruire les mauvaifes herbes qui y font pouffées, & en dévorent le fuc, au lieu des bonnes que l'on auroit pu y mettre. Il eft effentiel de ne pas tarder plus longtems à détruire ces plantes qui fans cela monteroient à graine ; il eft même effentiel de bien herfer la terre après, pour ne pas la laiffer en groffes mottes qui cacheroient les racines des plantes que l'on auroit détruites ; car on les verroit bientôt re-pouffer, au lieu que la herfe en divifant la terre, les ramenera deffus ; le foleil les féchera & les empêchera de reprendre. J'ai éprouvé moi-même, ainfi que plufieurs fermiers expérimentés, l'avan-tage de cette pratique, d'après cela on ne peut trop répéter les labours dans les terres les plus brûlantes de l'été, quand on voit furtout que la terre fe couvre d'herbes. Le chiendent feul ne peut fe détruire de cette manière, il faut le couper entre deux terres, l'emporter, & le brûler hors du champ.

Des Grains semés en rayons (1).

Le bled, l'orge & l'avoine qui auroient été semés en rayons pour être cultivés avec la petite
charrue à un cheval, doivent recevoir une façon
ce mois-ci pour détruire les mauvaises herbes,
& renchauffer les plantes avec la terre qui fortira de la raie; on doit avoir l'attention de faire
ramasser & enlever les racines de ces herbes, à
mesure que la charrue les arrache.

Des Troupeaux.

Je suppose que les nourritures du printems aient
conduit le fermier jusqu'au dix de ce mois, il
faut mettre les troupeaux dans les herbages d'été
qu'on aura disposés suivant le nombre des bêtes
qu'on veut avoir. Si c'est un troupeau de brebis
qu'on a seulement pour en tirer le profit des
agneaux & des laines, & pour les faire parquer,
il faut avoir soin de les entretenir en bonne santé,
sans leur donner trop de nourriture, sans quoi la

----

(1) Cet article, & quelques autres semblables, font
absolument propres à l'Angleterre, où l'on suit cette
pratique dans quelques parties, avec le plus grand succès.

dépenſe emporteroit le profit ; auſſi de pareils troupeaux ne ſont-ils bons que dans les fermes où le terrein eſt médiocre, & où il y a des bruyères ou des pâtures ſeches, ſeulement pour les promener, mais où ils n'engraiſſent jamais.

Une autre ſpéculation dans les provinces où tout eſt enclos, eſt d'acheter des brebis en Août & Septembre, pour les faire paître ſur les jachères ou les herbages les plus maigres, juſqu'à Noël. On les rentre alors pour les bien nourrir de choux & de turneps, juſqu'à ce qu'elles aient agnelé, & nourri leurs agneaux, que l'on vend aux bouchers; enſuite on engraiſſe les mères à l'herbe, juſqu'au mois de Septembre, tems où on les revend.

Cette méthode eſt très-profitable aux fermiers, mais en la ſuivant on ne peut parquer que fort peu de terre l'été ou l'hiver, ſur un terrein & dans un tems ſec.

Une troiſième méthode de ſpéculation ſur les bêtes à laine, eſt d'acheter à la fin de ce mois des bêtes de trois ans, tondues, pour les faire parquer juſqu'au mois de Mars, pour enſuite les engraiſſer avec des choux & des turneps, juſqu'à la fin de Mai, ſuivant le tems de l'année où ils ſe vendent le mieux. Voilà la méthode qui, ſans contredit, rapportera le plus à un fermier, ſurtout ſi la terre eſt bonne & qu'il puiſſe en même tems y avoir des bêtes à l'engrais, & encore quelques brebis pour agneler, s'il facrifie tous fes fourrages aux bêtes à laine.

Au refte, de quelque forte que foient celles que le fermier aura chez lui, voici, comme nous l'avons dit, la faifon de les faire paffer de la nourriture d'hiver à celle d'été, & il doit bien calculer ce qu'il a de trefle ou d'herbes naturelles pour y proportionner fon troupeau, & le nombre des beftiaux de toutes efpeces.

Les brebis, les cochons, les chevaux & les geniffes fe nourriffent fort bien avec du trefle ; les moutons que l'on veut engraiffer, les bœufs de travail & les vaches à lait fe trouveront mieux de l'herbe naturelle; ce n'eft pas qu'il n'y ait des cantons où l'on dit que le trefle rend le beurre & le fromage meilleur ; mais je crois que, comme ils mangent plus de cette herbe, on n'y gagne pas. Un bon acre de trefle peut nourrir fept à huit moutons par an, ou un cheval & un mouton, même plus dans les bonnes terres ; un acre de pré (1) peut nourrir de même une vache & un mouton ; au refte, on calcule toujours fes pâtures avec fes animaux, il faut mieux avoir un peu de nourriture de refte que d'en manquer, parce que dans le pre-

____

(1) Ce calcul paroît au-deffous de la vérité, mais je me fuis fait un devoir de traduire toujours littéralement ; quoique cela fe contrarie avec ce qui eft dit plus haut.

premier cas, il eſt facile d'en mettre une partie
en foin , & il ne l'eſt pas de vendre des bêtes
engraiſſées à moitié.

Du Parcage.

On commence ce mois-ci, au plus tard, à faire
parquer les moutons déhors en Angleterre, & cette
pratique eſt excellente à tous égards. Tous les troupeaux maigres , & peutêtre même ceux pour engraiſſer, ſi le tems eſt beau , doivent être mis au
parc , avec la différence que pour ces derniers le
parc doit être plus étendu, le parcage en ira plus
vîte & en vaudra mieux ; la fiente & l'urine font
d'un bien meilleur engrais que celle des bêtes maigres, cependant il ne faut pas donner dans l'excès
de quelques fermiers qui ne parquent pas aſſez leurs
terres , en mettant trop de claies, ou en ne laiſſant le troupeau qu'une nuit dedans , il vaut mieux
les y laiſſer deux que de les trop preſſer dans le
parc : ſi c'eſt une terre labourée , il faut que la
terre ſoit toute noire ; ſi c'eſt un herbage, il ſuffit
qu'il ſoit à-peu-près également parqué partout. Les
terres les plus propres à parquer ce mois-ci, font
celles qui doivent être enſemencées à la fin de Juin,
en choux ou turneps, pour que l'engrais ſoit fraîche-
ment donné.

Des Cochons.

Quand une partie des beftiaux dont la ferme étoit garnie, font lâchés & mis en pâture, il faut en faire autant des cochons, en choififfant ceux que l'on veut engraiffer, & les mettant dans une piece de trefle, c'eft une partie effentielle de l'agriculture, mais qui, malheureufement, n'eft pas en ufage dans un cinquième du royaume ; cela mérite confidération, & des renfeignemens que nous nous fommes procurés dernièrement, nous mettront à même d'en démontrer l'utilité.

Dans l'ancien régime on gardoit les truies toute l'année à la maifon, ou tout au plus dans un petit clos à portée, où on leur donnoit à manger des eaux graffes, du grain, &c.; mais un grand abus de cette méthode étoit de ne faire aucune diftinction entre les truies qu'on élevoit pour produire des cochons de lait, ou des porcs à l'engrais. Les relavures ne doivent fervir que pour les premiers, & les autres être mis en pâture, comme nous l'avons dit, dans une piece de trefle à la moitié de ce mois : par ce moyen, on peut en élever bien davantage. Ils reftent enfermés dans un enclos jufqu'à la faint Michel ; il faut feulement avoir foin que les clôtures foient bien bonnes, & qu'il y ait une grande mare au milieu pour les faire boire. Cette manière de les nourrir est préférable à toute autre, ils croissent à vue d'œil, & sont presque assez gras pour les tuer quand ils sortent de-là.

Cette pratique doit certainement être suivie avec succès, & le fermier y trouvera bien son profit. Les fumiers que lui feront les truies à la maison, & l'aisance qu'il retirera de ces animaux, ayant toutes les issues de la cour & de la laiterie pour les engraisser, le dédommmageront amplement de la coupe du trefle. D'ailleurs, comme dans ce mois-ci, la laiterie fournit confidérablement de lait de beurre, & autres issues; on peut pratiquer un conduit en brique qui amene le surplus dans un trou ménagé à cet effet dans la cour, & qui forme une espece de citerne, où il se conserve pour le tems où il s'en fait moins dans la ferme: cette économie est fort en pratique dans les endroits où il se fait des éleves de porcs.

***

Des Chevaux.

Au commencement de ce mois, les fermiers doivent cesser de nourrir leurs chevaux au sec, pour les mettre à l'herbe dans des trefles, & nourrir dans l'écurie ceux qui travaillent, avec de la luzerne, ou autre herbe qu'on leur fauche exprès tous les jours. Ceci eſt un des importans articles d'agriculture, il économiſe infiniment la dépenſe ſur la nourriture des chevaux, qui ſans cela emporteroit la moitié du profit de la ferme. On conſomme bien moins de fourrage verd en le donnant à l'écurie, que ſi on le laiſſoit manger dans le champ, & on a le profit du fumier de plus; il faut pour cela avoir un petit enclos de trefle ou de luzerne, à portée de la maiſon pour faucher & apporter deux fois par jour aux chevaux. Un acre de luzerne, qui a été bien fumée & dans de bonne terre, peut nourrir quatre chevaux, de la fin d'Avril à la fin d'Octobre; mais un fermier intelligent, pour ne pas être en défaut, doit calculer ſur un acre pour trois chevaux.

Ce ſyſtême de conduite eſt d'un avantage généralement reconnu; & tout fermier un peu intelligent en Angleterre, en a ſi bien ſenti l'économie, qu'ils ont tous des enclos de luzerne exprès pour cela (1).

Des Bœufs.

Ces animaux s'entretiennent l'hiver à meilleur

---

(1) Il ſeroit bien avantageux en France que l'on eſſayât de cette méthode, vu ſurtout la cherté de l'avoine dans cette ſaiſon. Je me ſuis apperçu que l'on commençoit déja en Normandie.

compte que les chevaux , mais dans cette faiſon c'eſt à-peu-près la même choſe; il faut ſe conduire pour leur nourriture, comme nous venons de le recommander pour les chevaux.

Des Vaches.

Il faut avoir bien ſoin des vaches dans ce mois-ci , parce que le laitage commence à donner & les veaux à arriver ; les trefles ou ray-graſſ qui auront été parqués l'automne précédente, doivent donner au commencement de ce mois de bonne herbe , qui les nourrira très-bien. Quelques cultivateurs prétendent que le trefle donne un mauvais goût au beurre, c'eſt une choſe à calculer, ſi cela fait tort à la vente , & qu'on ait d'autres herbes à leur donner. La luzerne nourrit fort bien les vaches , & ne donne aucun mauvais goût au laitage : étant fauchée & donnée dans des rateliers à l'étable , cela nourrira plus de bétail qu'aucune autre plante , & en même tems on aura toujours la même quantité de fumier , article important qu'il ne faut jamais oublier. Si l'on adopte cette méthode, il ſuffit d'avoir à portée de la ferme une petite pâture d'un acre ou deux, avec un abreuvoir au milieu pour promener les vaches ; on les rentre à midi pour quelques heures , par ce moyen

on leur donne à manger trois fois par jour à l'é-
table, ou dans des crêches placées dans la cour,
ayant foin d'avoir toujours de la litière fraîche
deffous.

La manière d'attacher les vaches par les cornes
dans un herbage leur eft bien auffi profitable, mais
elle eft plus difpendieufe, en ce qu'elles perdent plus
d'herbe, & qu'on n'en retire nul engrais. Quant à ce
qui eft de les lâcher dans une pâture, il n'y a pas
de comparaifon, elles gâtent deux fois plus d'herbe
qu'elles n'en mangent, on eft obligé, en fuivant
ce régime, de compter un acre par tête de bétail,
au lieu qu'en les nourriffant comme nous l'avons
expliqué, un acre fuffit pour en nourrir trois.
On doit obferver lorfqu'on nourrit des chevaux,
bœufs ou vaches avec de la luzerne, de la faire
faucher tous les jours, ou au moins tous les deux
jours ; on a pour la charrier, une petite charrette,
garnie en planches, bien légère, menée par un
cheval. On divife chaque piece que l'on deftine
à être fourragée en verd, en plufieurs carrés,
pour que l'on en fauche un par jour ou tous les
deux jours, toujours également, pour que chaque
animal en ait fa fuffifance ; on peut compter que
tous les mois on pourra refaucher à la même
place.

De la Laiterie.

C'eſt maintenant le plus fort de l'ouvrage pour la laitière, (terme anglois qui exprime la femme qui a ſoin de la laiterie ;) c'eſt une des portions la plus délicate de l'exploitation d'une ferme. Un fermier qui n'a pas une femme parfaitement intelligente , qui ſoigne à chaque moment ſon laitage , ou une bonne maîtreſſe-ſervante en état de la remplacer , perdra ſur ſa laiterie conſidérablement , au point de ne pas retirer ſes frais.

Celle qui eſt chargée de cette beſogne doit être ſur pied à quatre heures du matin , ou elle ſera en arrière de ſa beſogne.

A ſix heures on doit traire , & avoir aſſez de monde à cet ouvrage , pour qu'à ſept heures il ſoit fini ; la même regle doit être obſervée le ſoir. La propreté eſt le grand point dans une laiterie ; tous les uſtenſiles doivent être lavés tous les jours dans l'eau bouillante , du moins tout ce qui peut entrer dans la chaudière.

Dans les tems chauds , on doit jeter ſouvent de l'eau fraîche ſur le plancher ; pour cela il doit toujours y avoir un courant d'eau dans la laiterie.

Tous ces ſoins ſont de la plus grande importance dans une exploitation conſidérable , où la

laiterie

laiterie fait un des principaux objets de rapport,
qui, s'il eſt bien conduit, paiera bien le fermier
des ſoins qu'il y donnera.

Des Ruches.

On doit ſoigner ſcrupuleuſement les mouches
à miel ce mois-ci, ſans quoi l'on court riſque de
perdre les eſſaims. La plupart des fermiers ne
ſentent pas aſſez l'importance de ce genre de ſpéculation; jamais une ferme ne devroit être ſans cela ;
le ſoin que l'on y donne eſt peu de choſe, pour
ce que cela rapporte, & les plus petits profits ne
doivent jamais être négligés par les fermiers.

Du Chanvre.

Voici la meilleure faiſon pour ſemer le chanvre, ſi la terre a eu ſon premier labour en Octobre, en grandes planches, & des maîtres tirés pour
bien égoutter les eaux, le tout bien fumé ; après
avoir donné un bon labour, on ſeme & on enterre la graine à la herſe, à raiſon de quatre boiſſeaux par acre, cette plante demande la terre la
meilleure & la plus forte que l'on puiſſe trouver ;
car dans des terres médiocres, elle ne rend aucun

I

profit : il n'y a aucune récolte qui mérite plus l'attention du fermier , & lui foit plus profitable.

Du Lin.

Cette culture demande auffi une excellente terre, & beaucoup d'engrais; je dirai de cette plante la même chofe que du chanvre : il n'en eft pas une qui rende autant au fermier , s'il y donne tous fes foins & ne néglige rien dans fa culture. Le lin peut fe femer en Avril, mais fi la terre n'eft pas dans le meilleur état poffible, il faut mieux s'en occuper & remettre la femence en Mai.

JUIN.

DES TURNEPS.

VOILA la vraie saison de semer les turneps ; ceux semés plus tard réussissent rarement ; plusieurs fermiers ont la prévention de croire qu'il faut les semer positivement quinze jours avant ou quinze jours après le solstice d'été, mais c'est un pur préjugé auquel il ne faut avoir aucun égard. La terre doit avoir été labourée, comme nous l'avons dit, en Mai, & les fumiers conduits dessus à la moitié de ce mois. Un fermier intelligent doit avoir assez de bestiaux & d'engrais pour mettre le quart de sa ferme en turneps, il seroit même à desirer qu'il pût en mettre le tiers, mais quelque quantité que ce soit, il faut avoir soin de les bien fumer.

Des que le fumier est répandu, on l'enterre tout de suite à la charrue, & on seme la graine sur le labour ; on la herse bien trois ou quatre fois de suite. Il est très-essentiel que ces trois opérations-là soient faites tout de suite ; car si l'on n'enterre pas le fumier dès qu'il est mené, il se deſſeche au ſoleil, & de même ſi l'on ne herſe pas tout de ſuite après avoir labouré, la terre ſe met en mottes, & ne ſe herſe pas ſi bien : quant à l'eſpece de graine, la meilleure eſt celle de gros navets ronds, qui pouſſe preſque hors de terre, & n'y tient que par le collet des racines : cette eſpece eſt préférable aux autres, en ce qu'ils ſe conſervent mieux l'hiver, & ne craignent pas la gelée ; il en faut une quarte par acre : peutêtre une pinte ou une demie même ſuffiroit, ſi le tout levoit & échappoit aux inſectes ; mais il vaut mieux en mettre plus que moins ; j'en ai vu cependant ſemé épais dont il ne levoit pas un grain, & d'autre ſemé clair dont il n'en manquoit pas un.

Dans une ſaiſon très-ſeche, quelque épais que l'on ſeme, la graine ne levera pas, mais auſſi cela eſt-il rare. Le plus grand ennemi de cette graine, eſt le puceron, qui la mange avant qu'elle ne leve : il y a eu pluſieurs remedes d'enſeignés pour y remédier, mais aucun n'eſt ſûr. Le meilleur eſt de faire tremper la graine dans du jus de fumier & ſécher au ſoleil ; un autre eſt de couvrir la terre de ſuie quand elle eſt ſemée, mais ce remede qui n'eſt pas immanquable eſt fort coûteux.

La pratique la plus ſûre pour faire réuſſir vos ſemences, ſans que les pucerons y faſſent tort, eſt de les ſemer dans une bonne terre, & bien fumée pour hâter la végétation ; car une fois levées, elles n'ont plus rien à craindre de ces insectes, au lieu que dans une terre maigre & sans engrais, la plante tarde à lever, & est la proie des mouches: si malgré cette précaution la graine est mangée, & qu'on ne la voie pas lever, il ne faut pas manquer de relabourer & resemer: on y est à tems à la fin de ce mois & même au commencement de l'autre.

Des Choux.

Sur les terres destinées à porter des choux, il faut suivre la même route qui vient d'être prescrite pour les turneps, observant seulement de mettre le fumier dans les raies, pour que la charrue le retourne, de sorte que la plante que l'on met sur le sommet du rayon soit amendée. Quant à la distance entre les rangs, c'est suivant la richesse du sol, si on remarque qu'à quatre pieds ou trois, les plantes ne se joignent pas, on peut les mettre à deux.

Quand le fumier est bien enterré, la meilleure manière de faire cette plantation est de faire marcher le long des raies une femme & un enfant avec un fagot de plant sous le bras, qui en pose un de deux pieds en deux pieds, un homme suit qui le plante avec le plantoir aussi vîte que la femme marche. S'il falloit qu'il portât aussi les plantes, il perdroit un tems infini : cet ouvrage coûte en Angleterre, pour le tout, six francs par acre, les rangs à quatre pieds. La plupart des cultivateurs prétendent inutile d'arroser les choux après la plantation ; il n'en est pas moins vrai que si le tems est très-sec, le soleil séchera la plante entièrement avant qu'elle ne reprenne ; le fermier sera bien payé par le succès, de la dépense d'arroser qui ne sera pas considérable, s'il a une mare à portée, en se servant d'une charrette à arrosoir faite exprès.

Une circonstance où la plantation des choux est bien avantageuse, est dans une terre où les turneps ont manqué, & où il est trop tard pour en resemer ; on peut les planter sans relabourer la terre, ce qui est bien préférable à y remettre des turneps qui réussissent bien rarement semés si tard.

Tout bon fermier ne sauroit trop multiplier ces nourritures vertes pour les bestiaux au printems. Elles sont bien préférables à tous égards au foin. Le profit qu'il en retirera est réel, car s'il manque d'engrais faute de bestiaux, il perdra sûrement ; ou si ses foins manquent, & qu'il soit obligé d'en acheter, n'ayant pas d'autre nourriture, il perdra sûrement encore.

Un autre avantage bien aussi grand que ceux-ci, c'est de changer le cours des cultures : après les choux ou les turneps, il mettra de l'orge avec

du trefle par-deffus ; au bout de deux ans, il
tournera cette herbe pour y mettre du bled, par
cette fucceffion de récoltes, fes terres lui rapporteront toujours infiniment. La grande attention
eft de ne jamais faire deux récoltes de grain de fuite.

Les choux qui ont été plantés en Avril, &
qui ont eu la première façon avec la houe à cheval en Mai, doivent recevoir la feconde dans ce
mois-ci, cette dernière opération eft très-utile pour
hâter la crue de la plante.

Des Carottes.

Il faut auffi faire la même opération aux carottes à la fin de ce mois ; fi ce font des hommes qui font cet ouvrage, ils doivent avoir foin
non-feulement d'arracher les mauvaifes herbes, mais
même les carottes qui feroient trop près les unes
des autres, d'autant que voilà la dernière façon,
à moins que l'été étant très-pluvieux, les mauvaifes herbes ne repouffent, au point d'être obligé
d'y donner encore un binage à la fin d'Août.

Des Pommes de terre.

L'auteur anglois recommande ici pofitivement les
mêmes foins pour cette plante que pour la précé-

dente, ainſi que pour le lin ; le traducteur a cru devoir éviter au lecteur ces répétitions.

De la Luzerne.

Si la graine a été ſemée en rayons, elle demande des ſoins attentifs ce mois-ci, elle ne peut guère être binée qu'à bras d'homme, à cauſe de la foibleſſe de la plante qui eſt ſuſceptible d'être briſée par la moindre choſe ; on ne doit pas y laiſſer une ſeule mauvaiſe herbe, & l'ouvrier doit avoir la plus grande attention de ſe baiſſer pour arracher avec ſes doigts les mauvaiſes herbes qui ſeroient croiſées avec les jeunes plantes de luzerne, auxquelles elles feroient le plus grand tort, ſi on ne les arrachoit pas : toute épargne de tems & de ſoins à cet égard ſeroit pernicieuſe ; car il n'y a pas de plante qui craigne autant l'approche des mauvaiſes herbes, ſurtout quand elle eſt jeune. Si on s'y prend de bonne heure pour faire cette opération, elle ſera peu coûteuſe ; mais ſi vous tardez trop longtems, la dépenſe ſera beaucoup plus forte, & les mauvaiſes herbes trop enracinées pour les bien détruire.

Dans ce mois-ci les luzernes ſemées en rayons l'année d'avant, doivent être bonnes à couper, & auſſitôt après, il eſt bien fait de donner une façon

avec la houe à cheval entre les rayes , furtout fi
on y apperçoit de mauvaifes herbes.

Quelques cultivateurs prétendent qu'il faut couper à la faucille la luzerne en rayons , parce que
fans cela en fauchant , il fe trouve beaucoup de
terre en motte que la faux ramaffe , qui fe mêle
dans le fourrage & dégoûte les animaux.

Du Sainfoin.

La fin de Juin eft le bon tems pour faucher
ce fourrage, qui eft le meilleur que l'on puiffe mettre en foin ; dans le terrein qui lui eft propre , il
rend jufqu'à fix cens bottes par acre , & le regain
eft excellent pour le pâturage des beftiaux ; ce dernier objet vaut autant à lui feul , que le loyer du
terrein qu'on y a employé.

Du Trefle.

Voilà auffi la faifon de faucher le trefle , fi on
peut fe paffer de le faire manger en verd ; c'eft
le plus propre au fourrage après le fainfoin , fi on
a foin de le laiffer une couple de jours en an-
dins , & de le rentrer bien fec , & par un beau
tems.

Des Prés.

Les prés fitués dans de bons fonds ou qui ont été fumés, font auffi bons à faucher ce mois-ci : il faut avoir attention de faire faucher le plus près poffible, & dès que le tems eft beau, ne pas épargner les bras, de manière que le foir même le foin foit retourné, fané le lendemain matin, mis en petites meules le foir, & le troifième jour on doit faire les meules (1). Je fuppofe que le tems s'y prête, car fi la pluie furvient, il eft à propos de le laiffer en petites meules, & même de le répandre enfuite pour bien fécher, plutôt que de le ferrer mou, car alors les animaux s'en dégoûtent facilement.

De la différence de faire faucher ou manger les Herbages.

Nulle matière n'a été autant difcutée que celle-ci ; plufieurs prétendent que la faux brûle les prés,

(1) On doit fe rappeler qu'en Angleterre on n'engrange jamais le foin ; ainfi il a le tems de jeter fon feu dans la meule.

& que conféquemment il ne faut pas les faire
faucher plufieurs années de fuite, mais les mettre
alternativement en pâture; d'autres, au contraire,
difent que les beftiaux abîment les prés, & qu'il
ne faut pas leur faire manger plufieurs années
confécutives; j'ai voulu faire des obfervations exac-
tes à cet égard, & je puis affurer que j'ai vu des
prés de mes voifins, que l'on fauchoit depuis vingt
ans, & même plus, fans qu'on y apperçût le moindre dommage; j'ai de même éprouvé que dans un
de mes enclos, au milieu duquel il y a une fépa-
ration, j'ai alternativement fauché ou fait manger
chaque partie, & je n'y ai apperçu aucune différence.

Il y a bien du pour & du contre à dire fur
ces deux manières d'exploitation, on peut dire à
l'avantage du pâturage, que les beftiaux engraif-
fent tous les ans leurs pâturages, en s'engraiffant
eux-mêmes; mais dans quelle faifon y emportent-
ils cet engrais? dans les chaleurs; il eft defféché
avant d'entrer dans la terre: combien d'ailleurs ne
gâtent-ils pas plus de fourrage, en le livrant à leur
dent dans le champ, que fi on leur fauche pour
manger journellement au ratelier.

Quant à l'engrais, il eft bien certain que celui
que les beftiaux feront dans la cour de la ferme,
fera bien plus profitable, mêlé avec la paille,

fur laquelle feront pofés leurs rateliers, que leur fiente femée çà & là dans la prairie.

S'il fait très-chaud, la grande ardeur du foleil pourra nuire aux animaux en pâture; s'il pleut, les trous qu'ils feront dans la prairie l'endommageront confidérablement.

Enfin, la dernière objection contre l'ufage de faire pâturer, eft que fi l'on mettoit tous les herbages que l'on deftine à fon bétail, en une feule piece, ils en gâteroient une fois plus en courant à travers, qu'ils n'en mangeront; & fi, au contraire, vos herbages font divifés en plufieurs enclos, comme toute l'herbe pouffe à la fois au printems, elle fera trop forte dans les derniers où vous les mettrez, & pourra leur faire mal.

Du Binage avec un Cheval.

Toutes les plantes qui ont été cultivées en rayons doivent recevoir un binage ce mois-ci avec la houe à cheval, inftrument dont on ne peut trop recommander l'utilité (1); fi on a cul-

______

(1) Cet inftrument commence à être connu en France; on s'en eft fervi avec fuccès fous le nom du cultivateur Américain, pour les pommes de terre de la plaine des Sablons à Paris.

tivé du bled ou de l'avoine de cette manière ;
cette opération doit y être faite de même, mais
cette culture eſt ſurtout recommandable pour les
feves & les turneps.

Des Jachères.

On doit, dans les cantons où cet uſage ſubſiſte ;
donner la ſeconde façon aux terres pour détruire
les mauvaiſes herbes qui auroient pu pouſſer depuis le mois d'Avril ; ce labour doit être ſuivi
d'un bon herſage en long & en travers.

Du Maïs.

Si le printems a été trop mauvais pour ſemer
les orges en Avril ou Mai, on peut encore ce
mois-ci ſemer du maïs dans les terres qui y étoient
deſtinées, la première ſemaine de Juin, & cette fa-
culté qu'a ce grain de ſe pouvoir ſemer tard le
rend précieux ; mais il faut que la terre ſoit bien
meuble, & qu'il n'y ait pas une ſeule mauvaiſe
herbe.

Des Troupeaux.

Les moutons commencent à ſe tirer d'affaire

ce mois-ci , & vivent bien fur les pâtures les plus maigres de la ferme , fi ce font furtout des bêtes achetées pour parquer & engraiffer enfuite l'hiver , il fuffit de les mettre feulement une heure le matin & autant le foir , dans une piece de trefle que vous aurez deftinée exprès pour cela.

Voici la faifon, & pas plutard, de châtrer les agneaux avant que les chaleurs ne viennent; cette opération demande beaucoup de furveillance de la part du fermier , pour qu'il n'arrive pas d'accident.

Une autre qui ne demande pas moins d'attention de leur part , eft la tonte des troupeaux; on doit choifir pour cet ouvrage les meilleurs ouvriers du pays : au préalable , le berger doit laver le troupeau dans l'eau la plus claire qu'il pourra trouver ; prendre pour cela un beau jour où le foleil fe montre , afin de fécher plutôt leurs laines; une vieille erreur eft que le lavage fait tort au poiffon, s'il fe fait dans un étang ; au contraire, la vermine qui en fort nourrit le poiffon. On ne peut fixer combien de fois de fuite on doit laver un troupeau, c'eft jufqu'à ce que le berger, en preffant la laine entre fes mains, remarque que l'eau qui en fort n'eft pas fale.

Deux jours au plus tard , après cette opération, on doit commencer la tonte, la principale attention eft de ne pas piquer ces animaux avec les forces ; on doit auſſi avoir ſoin de ployer chaque toiſon à meſure , & de mettre toujours le crottin, & toutes les parties défectueuſes de la laine en-dedans , pour que la toiſon paroiſſe plus belle ; ce ſoin eſt eſſentiel pour la vente.

Il y a beaucoup de provinces où, pour laver , tondre & paqueter les laines , il en coûte quatre francs par chaque vingt bêtes , les gens de cet état gagnant dans cette ſaiſon quarante ſols par jour.

Du Parcage.

Voici le mois le plus avantageux pour le parc, auſſi n'y a-t-il que de mauvais fermiers qui n'y ſont pas dans cette ſaiſon : on commence par parquer les terres qui doivent porter des turneps ou des choux , comme étant les premières plantes qui doivent être ſemées.

La regle pour bien parquer, eſt de donner une verge carrée (1) à chaque bête , & de faire deux nuits ſur le même terrein ; ſi même tout votre terrein n'eſt pas parqué, lorſque l'on ſeme , on peut continuer juſqu'à ce que les turneps levent ; après

----

(1) La verge d'Angleterre fait deux tiers de l'aune de France , on voit par-là que l'on y parque bien plus fort qu'en France.

cela vous tranſportez votre parc ſur les herbages
que vous avez fauchés pour faire manger au bétail, & vous les faites parquer à meſure que l'on
les fauche, ſurtout les trefles que vous êtes dans
l'intention de retourner.

Echardonner.

Cette opération eſt fort importante à faire dans
cette ſaiſon, afin de ne pas donner le tems aux
chardons de monter à graine. On ſe ſert pour cela
d'un inſtrument de fer placé au bout d'un bâton ;
il faut auſſi employer un ouvrier adroit, qui prenne
bien garde de ne pas arracher le bled avec les
mauvaiſes herbes, on ne doit pas regarder ce travail
comme inutile ; je ſuis perſuadé que la négligence
de le faire occaſionne les plus fréquentes mala-
dies des bleds, même la nielle & la carie ; j'ai
fait les plus grandes expériences à cet égard, & ſuis
forcé de convenir que cela y influe beaucoup.

Du Marnage.

Voilà la meilleure ſaiſon de l'année pour faire
cet ouvrage qui eſt très-important, il faut profiter
de la longueur des jours, & de la beauté des chemins,

mins, c'eſt le roi des engrais, & tout cultivateur qui en a à ſa portée & n'en fait pas uſage, doit être traité d'ignorant en agriculture; il y a même des parties du royaume où on ne ſe ſert pas d'autres fumiers. Quand la marne ſe trouve dans des pays ouverts (1), comme bruyères, pâtures ou garennes, & pas profondément, on en fait tirer pour un écu ce qu'il en faut pour un acre; mais ſi la marne eſt profonde, ou dans de bonnes terres cloſes, cela coûtera douze à quinze liv., alors le profit ne ſera pas auſſi conſidérable, d'autant qu'avec le charroi & le répandage, l'acre revient à plus de quatre-vingt francs.

Cette dépenſe paroît conſidérable, mais auſſi on doit calculer qu'une terre marnée s'en reſſent vingt ans, & que l'on a bientôt regagné ſon argent, ſurtout ſi c'eſt un propriétaire qui n'a pas de loyers à payer; car pour un fermier qui n'auroit qu'un bail de neuf ans, la dépenſe ſeroit trop conſidérable, auſſi ſont-ce les ſeigneurs & les grands propriétaires qui doivent donner l'exemple de pareils engrais.

Il y a pluſieurs ſortes de marnes, il y en a de tendre qui eſt ſavonneuſe, d'autre qui eſt dure

---

(1) Pour entendre ceci, on doit ſe rappeler que toutes les terres cultivées ſont entourées de haies & foſſés en Angleterre.

K

comme de la chaux , que l'on appelle pierre de marne, d'autres fois elle eft grife ou verdâtre, ti- rant fur la glaife ; enfin , il y en a qui eft pleine de coquillages , qu'on appelle marne marine. Il y a différens lits d'épaiffeur de marne , depuis deux pieds jufqu'à douze : quant à la manière de recon- noître la bonne , c'eft celle qui jettée dans l'eau s'imbibe promptement , ou qui pétille beaucoup fi on la jette au feu. Pour connoître la profondeur ou la qualité de la marne , on fe fert de fondes, avec lefquelles cette opération eft fort facile. La manière la plus économique de conduire la marne fur les terres, eft de prendre l'endroit où la terre eft la moins profonde , & d'y faire une entrée en pente, pour que la voiture puiffe y entrer ; lorfque cela fe fait ainfi, il n'en doit coûter que fept fols par charge de trente boiffeaux , pour la charger & la répandre, & environ neuf fols pour la voiture, ce qui revient à feize fols la charge , dont il faut un cent par acre.

Si la marne eft trop profonde pour s'y pren- dre ainfi, on eft obligé de faire de grands trous comme des puits, & de tirer la marne dans des feaux, d'où on la porte fur la voiture, alors cela coûte dix-huit fols au lieu de fept; au refte, toutes ces dépenfes font bien peu de chofe, fi on les com- penfe avec le profit annuel qu'on en retire.

Nota. Il paroît que l'on ignore en Angleterre la manière de marner avec des ânes.

De l'Argille.

Dans les terres très-légères ou très-fablonneu-
fes, l'argille répandue deffus peut faire le même
bien que la marne fur d'autres terres ; le mélange
feul excite une plus grande végétation ; les procédés à fuivre & la dépenfe qu'ils entraînent, font
à-peu-près les mêmes que ceux de la marne, ainfi
nous ne nous y appéfantirons pas.

De la Craie.

Les mêmes raifonnemens & les mêmes calculs
peuvent fe faire fur la craie, c'eft un excellent engrais pour les terres graveleufes, & même pour
les terres fortes, s'il y a trop d'argile, cela divife
ces fortes de terres : voici la vraie faifon de faire
cette opération ; elle n'eft pas plus coûteufe que la
marne, fi elle eft auffi à portée.

Des Vafes d'Etang.

Voici la bonne faifon pour curer les marres &
les étangs & même les rivières, où la boue eft
fujette à fe ramaffer. Car en s'y prenant de bonne

heure, la vafe a le tems de fe fécher & de fe divifer , & vous en faites plus facilement ce que
vous voulez. Cette partie de l'agriculture eft fort
négligée, & on a tort, car ces boues forment un des
meilleurs engrais qui exiftent : heureux le fermier qui
fuccede à un laboureur pareffeux, car il trouvera toutes les marres pleines de vafes, s'il y a un courant
d'eau dans le lieu où on les ramaffe, elles font encore meilleures.

La meilleure manière de les employer, eft lorfqu'elles font un peu féches, de les mêler avec une
égale quantité de marne ou de craie, & de bien les
mêler enfemble, & remuer tous les mois, fi la
chaux n'étoit pas chère, cela feroit encore un meilleur mélange. On continue de le remuer ainfi jufqu'à la fin de Septembre, & au mois d'Octobre
on le mene fur les près ou autres herbages, & on
le répand tout de fuite ; c'eft la meilleure opération que l'on puiffe faire aux prairies, qui l'année
d'après paient bien la dépenfe.

De la femence de Colfat & Navette.

Voici la faifon de faire ces fortes de femences,
de la même manière que nous l'avons prefcrit pour
les turneps ; le grand ufage de ces plantes eft la
graine pour faire de l'huile, elle fe vend depuis dix

louis jufqu'à trente la charge, & un bon acre bien
fumé & cultivé peut en rendre une demi-charge.
Dans des pays on en feme une très-légère quantité par acre fur une terre qui a porté du grain
ou des pois, pour faire un fourrage verd, pour les
agneaux & brebis au printems, quand les turneps
font finis ; après cela on retourne la terre pour une
autre récolte.

JUILLET.

Travaux du Fermier dans la Cour de la Métairie.

L'ENGRAIS appelé compots que l'on a formé & confervé l'hiver précédent, étant une fois conduit fur les terres, vous pourrez alors à votre loifir commencer à y mener la terre des foffés curés, la craie, la marne ou l'argille, dans les enclos dont vous devez vous fervir pour pâturage l'hiver prochain; il eft vrai qu'il n'eft pas abfolument néceffaire de faire faire cet ouvrage au mois de Juillet. Cependant comme vos chevaux n'auront pas beaucoup à faire dans cette faifon, on le recommande, comme une affaire très-importante, & qui pourra employer les bœufs & les chevaux jufqu'à la fin de Septembre, tems où on pourra travailler à cette befogne qui eft de la dernière conféquence pour améliorer les terres d'une ferme quelconque; c'eft pourquoi l'on doit s'y prendre de bonne heure.

Des Turneps ou Navets.

Voilà le tems pour donner une façon à vos navets, cet ouvrage eft en ufage dans prefque toutes les provinces du royaume : mais comme il eft fort négligé, ou prefque inconnu dans quelques autres, je ne crois pas mal à propos de m'étendre un peu fur la méthode de le pratiquer, & fur la néceffité de la fuivre.

En cas que les ouvriers foient rares, qu'ils demandent un prix exorbitant, ou qu'il n'y en ait pas du tout, vous ferez faire des houes par un forgeron, de la forme fuivante : La partie de fer contiendra douze pouces exacts de longueur, & trois ou quatre de largeur ; il faut qu'elles foient bien faites & aiguës : faites-y mettre des manches longs de cinq pieds ; ainfi pourvu d'inftrumens, allez avec vos gens aux champs, la houe à la main vous-même, faites-les houer de bon cœur, & n'ayez pas peur d'en trancher beaucoup ; il faut qu'ils relevent la terre autour de chaque plante qu'ils laiffent, lefquelles doivent être les plus fortes & les plus faines; vous verrez par ce moyen que chaque plante de navet fera éloignée l'une de l'autre de quatorze pouces ; car leurs houes s'étendant à chaque coup de douze pouces, on ne pourra jamais faire du mal à la récolte. Les ouvriers formés une fois, il faut les faire travailler à tant par jour, & y être préſent ſoi-même, il faut qu'ils bêchent aſſez profondément pour détruire les mauvaiſes herbes , & tous les navets qu'ils veulent retrancher ; quinze jours après, vous renverrez les mêmes hommes pour examiner les plantes , & rectifier tout ce qu'on pourra avoir négligé ; alors il faudra retourner la terre avec les houes, extirper le reſte des mauvaiſes herbes , & ſi l'on trouve des navets doubles , les éclaircir. Les ouvriers ne ſauront pas trop bien comment s'y prendre la première année , mais par degrés ils parviendront à travailler à la perfection , & en mêlant parmi eux de nouveaux ouvriers chaque année , l'art ne ſe perdra pas.

Dans les provinces où l'on fait cultiver les navets à la houe , cet ouvrage ſe fait à tant par pièce de terre , cent ſols par arpent pour la première opération de houer ; un petit écu , & quelquefois quarante-huit ſols de France ſont les prix ordinaires la ſeconde fois , ſuivant le terrein. Dans ce cas , il eſt néceſſaire que le fermier faſſe attention à l'ouvrage, car les ouvriers ſe dépêcheroient bien vîte pour gagner l'argent. Il faut qu'il examine lui-même le terrein qui vient d'être pioché , & qu'il faſſe non-ſeulement extirper les herbes , mais auſſi ſéparer les navets partout. Chaque plantation doit avoir deux opérations de la forte, & chaque plante débarraffée de toute mauvaife herbe, doit avoir une diftance exacte & régulière.

Des Choux.

Il faut foigner les choux plantés en Avril ou Mai, dans le mois de Juillet ; ayant été houés en Juin, ils n'auront peutêtre pas befoin de culture jufqu'au mois d'Août ; mais cela dépend des faifons. Si les mauvaifes herbes recroiffent, il faut les détruire ; car il eft certain que pour produire une bonne récolte, il faut les tenir propres à force de houer, de nettoyer les intervalles engorgées par la pluie ou autrement, avec les inftrumens néceffaires.

Les choux plantés dans le mois de Juin, doivent avoir le premier binage avant le milieu de Juillet, toutes les mauvaifes herbes doivent être arrachées, & les mottes qui feroient reftées fur les fillons, brifées comme il faut. Un peu de terre meuble fervira de nouveau foutien à chaque plante ; bientôt après il fera néceffaire de les faire labourer à la charrue, on formera un fillon de chaque côté, & on jettera la terre entre chaque intervalle pour introduire le foleil dans la terre, où font plantés les choux, ce qui l'adoucira & la pulvérifera ; il faut que les choux foient une petite butte de terre, & on pourra alors les houer avec une grande facilité.

<hr>

Pommes de terre.

Il faut faire labourer la terre pour la troifième fois dans les champs de pommes de terre plantées en rangées ; la méthode ordinaire d'aller & de revenir avec la charrue, n'eft pas bonne pour cette forte de plante ; car en tranchant les racines quand la pomme de terre eft en vigueur, vous feriez du mal à la plante, & vous détruiriez les fouches qui produiroient des pommes, c'eft pourquoi le troifième labour doit être fait avec un inftrument appelé le cultivateur, dont il y en a de plufieurs efpeces, mais dont tous coupent & pénètrent la terre fans la tourner, ou former le moindre monticule ; il y en a qui travaillent avec plufieurs petits focs triangulaires, d'autres avec des plats, & d'autres avec de fimples focs ; mais tous ceux qui tranchent & emportent du terreau au fond des fillons feront très-propres.

On pourroit fe fervir d'une double charrue pour fortifier les plantes par des éminences produites par le labourage, la nouvelle terre donneroit de quoi produire de nouveaux fruits, comme pois ou haricots qu'on planteroit entre les rangs.

Des Luzernes.

La luzerne qui a été tranfplantée fe fauche dans le mois de Juillet ; il faut la labourer dans les intervalles d'un côté & d'autre ; à l'égard de la houe, il n'eft pas néceffaire de s'en fervir tandis qu'il n'y aura pas de mauvaifes herbes, & que les rangs feront bien entretenus ; fans cela il eft néceffaire d'arracher toutes les herbes qui peuvent nuire à la luzerne.

Du Fauchage.

Toutes les prairies & les pâturages qui n'ont pas été fauchés dans le mois de Juin doivent fe faucher dans ce mois ; l'article de couper le foin eft de grande conféquence pour le fermier ; tout dépend, comme nous l'avons déja dit, d'avoir beaucoup d'ouvriers, car fi on ne profite pas du beau tems, on aura bien à s'en repentir. En cas qu'on ne puiffe pas les employer à faucher, on pourra leur faire faire d'autres ouvrages, comme répandre l'engrais ; les femmes qui aident à faire les meules de foin, pourront s'employer à ôter les pierres, détruire les mauvaifes herbes, & avec bien des bras, l'on pourra bien vîte former les meules, ce qui eft l'objet principal, il faut commencer par mettre en petites meules, alors le foin ne fouffrira pas, même en cas de pluie, & ayant beaucoup de bras, cela facilitera à le fauver des accidens. L'on paie les ouvriers à tant par arpent, par exemple une piftole pour faucher, faner, ramaffer & entaffer en meules.

Des Chevaux.

Les chevaux & les bœufs doivent toujours être nourris dans le mois de Juillet, avec de la luzerne dans l'étable ou dans la cour, c'eft la meilleure herbe pour cet effet; & un arpent de ce foin réuffit beaucoup mieux qu'aucun autre. Le fainfoin & le trefle font bons auffi; le ray-graff fauché tous les jours fera auffi très-bon. Si ces herbes manquent, vous n'avez qu'à employer du foin ordinaire, & cela vaudra beaucoup mieux encore que de laiffer les beftiaux dans les champs; mais fi cependant il n'y a pas affez de litière, il vaut mieux les y laiffer que de pourrir fur le fumier.

Des Jachères.

Il ne faut pas fuivre l'exemple de ces fermiers qui négligent les jachères dans ce mois-ci, pour ne fonger qu'aux foins & à la moiffon ; il eft néceffaire d'y détruire les mauvaifes herbes, & conferver affez de chevaux & de gens pour que les terres foient bien herfées & labourées. Il y a des fermiers qui foutiennent que les jachères où il y a beaucoup de chiendent ou de chardons, devroient être labourées une feconde fois au commencement de Juin, ce qui laifferoit le champ rempli de mottes immenfes, qui feroient expofées au foleil jufqu'à la fin d'Août ; ils prétendent que cette opération détruit les chiendents & les autres mauvaifes herbes qui croîtroient infiniment, fi l'on ne remuoit la terre avant l'ardeur du foleil : mais on peut faire bien des objections à cette méthode, même s'il étoit vrai qu'elle détruisît les mauvaifes herbes. Les femences de ces herbes refteroient enfermées fous les mottes, & quand on emblaveroit le champ, elles croîtroient avec la graine : on pourroit ajouter qu'une grande partie du fol eft privée de la chaleur du foleil dans les jours les plus chauds de l'été, par l'ombre des mottes. Pour améliorer la terre, il eft sûr qu'il faut la répandre & l'adoucir, pour que le foleil pénétre dans chaque particule de terre pulvérifée, au lieu qu'il ne peut pas répandre fes bienfaits dans des mottes dures comme le marbre. Ces remarques ne doivent pas fervir à faire le procès aux fermiers qui traitent leurs terres en jachères, fuivant cette méthode ; je fuis convaincu que dans certains fols, elle peut réuffir ; mais je fuis d'avis qu'une telle manière de labourer ne doit pas être adoptée pour des terres froides & difficiles à couper ; les effets en pourroient devenir dangereux.

Du Parcage.

Dans le mois de Juillet, le fermier doit s'occuper à parquer les terres laiffées en jachères pour mettre du bled. Quand on ne veut pas y femer d'autres herbes, ou y planter des navets, il faut toujours avoir foin de parquer les champs qui doivent être labourés le plutôt : par exemple, les champs qui doivent être enfemencés en turneps le mois d'Août, ou les luzernes prêtes à être retournées ; par ce moyen, les plantes profiteront de l'engrais ; & au contraire, fi l'engrais refte fur la furface de la terre expofé à s'évaporer par l'ardeur du foleil, les plantes n'en recueilleront pas le même avantage.

Du Marnage.

Il ne faut pas manquer de continuer à tirer la marne, la craie, la boue ou l'argille dans le mois de Juillet, c'eſt la propre ſaiſon pour travailler ſur tous les ſols ; je dis *ſur tous les ſols*, parce que l'hiver il ne faut pas en tirer dans les terres qui ſont humides ou glaiſeuſes : les engrais quoique bien coûteux d'abord, récompenſent par leur durée. Pour faire le ſervice de ces voitures, ſervez-vous de peu de chevaux ; par exemple, la petite charrette à trois roues eſt excellente pour cela, un cheval pourra en mener deux ; l'on en charge une tandis que l'autre s'en va, par l'avantage de la troiſième roue qui ſoutient la charrette & la charge au lieu d'un ſecond cheval, comme dans les grandes charrettes ; les petites ne contiennent que quinze boiſſeaux, & les roues n'ont que neuf pouces de large. Ces voitures ſont excellentes & très-utiles pour ne pas gâter dans l'hiver le gaſon par-deſſus lequel elles doivent paſſer, ſi la diſtance n'eſt pas éloignée, quatre ou cinq hommes ſeront employés pour un ſeul cheval, & c'eſt ce qu'aucune autre machine ne pourroit faire. Remarquez, je vous prie, quel avantage aura le fermier, de faire voiturer par un cheval dépareillé, tout ce qui eſt néceſſaire à la métairie, tandis que l'attelage eſt régulièrement employé à labourer la terre, ou à faire les journées néceſſaires pour les grands chemins; après avoir examiné impartialement cette manière d'agir pour l'avantage du fermier, il faudra convenir qu'elle eſt la plus prompte & plus économe que toute autre.

Du moment de couper les Pois.

Les pois précoces ſont coupés en général le mois de Juillet; s'il y en a beaucoup, il faut les arracher; s'il y en a peu, en les fauchant ils viendront fort bien. Dans les tems humides & pluvieux, il faut avoir grand ſoin des tiges & des feuilles de pois; les touffes doivent être retournées bien ſouvent, autrement elles ſeront gâtées. Il ne faut pas cueillir les pois blancs avant qu'ils ne ſoient bien ſecs, car on ne pourroit jamais les vendre avec profit, vu qu'on ne regarde ordinairement que la beauté & la groſſeur des pois. Leur paille bien conſervée ſert de fourrage pour toute ſorte de beſtiaux; mais ſi elle eſt humide, elle ne peut ſervir que de litière.

Des Orges.

Vers la fin du mois de Juillet, il y aura de l'orge à faucher, particulièrement, cette eſpece qu'on appelle

pelle *de julham* : cette récolte faite de bonne heure,
a l'avantage de détruire plufieurs mauvaifes herbes qui monteroient à graine en peu de tems, &
feroient du tort à la récolte prochaine.

Du Froment.

C'eft dans le mois d'Août que je parlerai du
froment; il y a des fermiers qui le coupent dix
jours avant qu'il foit mûr. Il eft certain que le bled
ainfi coupé parvient à une parfaite maturité dans
les champs, & la graine en eft meilleure ; d'ailleurs, une récolte fi avancée vous met en état de
travailler à d'autres objets de la campagne pendant l'été ; mais on a toujours les pluies à re-
douter.

A O U T.

L A M O I S S O N.

C'est dans ce mois que le fermier doit donner toute son attention à la récolte des bleds après un an & demi, & peutêtre deux de travail, & d'inquiétudes de toute espece, il s'empresse de la resserrer saine & sauve dans sa grange. Le mauvais tems lui peut faire bien du tort, c'est pourquoi il lui faut beaucoup de monde pour profiter du moment, pour ne pas mériter le reproche de fermier indolent, comme nous l'avons dit pour les foins. Il y a deux façons de couper le bled, l'une avec la faucille, l'autre avec la faux; la première est la plus usitée & très-ancienne; la dernière est une nouvelle méthode pour éviter la peine. Il y a eu bien des discussions à ce sujet dans ces dernières années, & même d'assez vives. Quelques personnes ont soutenu que les avantages de la nouvelle façon de faucher le bled étoient si certains, que les fermiers ne pourroient que perdre en ne la suivant pas; le parti op-

posé soutient aussi que la manière ordinaire est préférable.

Dans la nouvelle manière, les hommes font
tomber ce qui est coupé sur le bled qui reste sur
pied pour pouvoir le ramasser plus aisément; deux
femmes suivent chaque faucheur, pour en faire des
tas, que les hommes qui les suivent forment en gerbes. Cette méthode est très-expéditive, & épargne
beaucoup de dépense; car de faucher ne coûte pas
moitié tant que de le couper avec la faucille,
d'autant plus qu'une partie de l'ouvrage est faite
par des femmes, & cela est de grand avantage.
Par cette méthode, l'on gagne aussi beaucoup de
paille, que le fermier fait mettre dans sa grange,
& qu'il vend ou emploie fort bien, & qui sans cela
resteroit dans les champs après la récolte.

D'un autre côté, il faut considérer que le bled
s'égraine davantage, & on en perd, sans compter
que le bled coupé si bas contient plus de mauvaises herbes; d'ailleurs, il est nécessaire de laisser
plus longtems les gerbes dans les champs pour sé-
cher; car les tiges des mauvaises herbes en maturité retiennent une espece de moiteur qui les empêche de se flétrir, tandis que celles du bled deviennent paille, même avant d'être coupées. Cette
objection est de grande conséquence; car il est toujours dangereux de laisser les gerbes longtems

dans les champs, à caufe de l'incertitude de la faifon.

Le battage arrive enfuite, dont la dépenfe fera plus confidérable pour du bled fauché qu'avec du bled fcié, car plus la paille fera longue & remplie de mauvaifes herbes, plus l'opération deviendra ennuyeufe & pénible, & par conféquent plus coûteufe : les avantages & les défavantages des deux façons pourront fe comparer de la forte (1). A l'égard de la dépenfe pour le faucher, on y gagne une bagatelle, peutêtre trente-fix fols par arpent, ou tout au plus quarante-huit fols, ce qui n'eft pas équivalent aux inconvéniens ; d'ailleurs, la différence du battage rendroit prefque égale cette épargne. Suppofez qu'un acre vous donne cinquante boiffeaux de bled, & qu'il vous coûte trois livres pour le faire battre quand il eft fcié ; vous ne pouvez vous attendre que les batteurs le feront à moins de trois livres cinq ou fix fols, quand il eft fauché. Cette différence eft de plus de fix fols par arpent, & dans les faifons où il y a abondance de mauvaifes herbes, la différence feroit encore plus remarquable : & quelle proportion y a-t-il entre cette fomme d'argent & le hafard de

---

(1) L'auteur auroit dû ajouter qu'il n'y avoit d'avantage à faucher, que dans les mauvaifes terres, où les pailles font courtes & rares.

laiffer le bled plus longtems dans les champs ? Le point principal eft certainement la paille, car elle fe vend dans le voifinage de Londres, trente-fix francs, deux louis la charretée ; il n'y a donc pas de doute, que de faucher le bled ne foit plus avantageux.

Dans les provinces où l'on eft accoutumé à fcier le bled, le fermier fait ramaffer le chaume après la récolte, & le fait mener dans fa cour pour en former de la litière & du fumier. Voilà un autre avantage qui réfulteroit de la coutume de faucher, car la faux coupe prefque ras la terre : la dépenfe donc de ramaffer le chaume feroit épargnée; mais d'un autre côté, elle eft fi petite, (trente-fix fols par acre,) qu'il ne vaut pas la peine d'en parler. D'ailleurs, il y a grande différence d'être obligé de faire entrer le tout dans les tems preffés de la récolte, ou de le faire après, quand on a du loifir ; plus les gerbes feront longues, plus il faudra de tems ou de bras pour les voiturer, & il eft certain qu'il ne fera guère économique d'employer des bras furnuméraires dans cette faifon, où les manouvriers demandent un prix exorbitant.

J'obferverai donc pour conclure, que la coutume de faucher le bled ne peut convenir que dans les endroits où l'on vend bien la paille, c'eft-à-dire, à un prix confidérable, au point que

L iij

le fermier puiffe y trouver plus d'avantage à la vendre qu'à en faire du fumier.

L'on paie fouvent le moiffonneur qui coupe le bled avec la faucille, à tant par arpent, & cela peut bien fe faire, mais il faut avoir attention que l'ouvrage foit fait dans un tems convenable, il faut que la gerbe foit proportionnée à la quantité des mauvaifes herbes, & à la maturité du grain. En entaffant le bled, ils ont l'art, dans certaines provinces, de l'arranger de manière que l'eau en coule, & ne s'y fixe pas ; ainfi, fans être bien ferré, il fe maintient affez fec dans les tems pluvieux. C'eft une excellente méthode qui mérite d'être fuivie ; il y a des fermiers qui laiffent le bled fur la tige, jufqu'à ce qu'il foit affez mûr pour le couper & l'emporter, c'eft-à-dire, qu'ils le rentrent auffitôt que les gerbes font liées ; ceci pourra fe faire quand la récolte fera fans mauvaifes herbes ; car elles ne font jamais affez feches pour pouvoir les emporter avec le bled.

Dans une ferme de plufieurs charrues, on fait bientôt entrer la récolte avec trois charrettes ; une fe charge dans les champs, une autre fe décharge à la grange, & la troifième va & vient. Il y aura affez de cinq chevaux & de cinq hommes, dont deux chargeront, un autre menera, & les deux autres déchargeront, cela ira bien vîte.

Dans beaucoup de provinces l'on a coutume

d'entaffer les gerbes de bled en meules : ils ont raifon ; ni les rats, ni les fouris ne peuvent y pénétrer, fi la meule eft bâtie fur des piéces de bois dreffées fur des pierres. Les bouts de la paille reftent en-dehors, de forte que les épis font à l'abri. Il eft fûr que le bled fe conferve mieux & a meilleure mine, quand il fort d'une meule que d'une grange.

L'air y donne une plus belle couleur ; quand il eft queftion de le faire battre, on doit tranfporter toute la meule à la fois dans la grange, car il eft dangereux de laiffer une meule entamée, expofée à l'air toute la nuit ; il faut auffi le faire dans le beau tems & au fec, car dans l'hiver l'on peut attendre longtems. Il feroit néceffaire de faire dreffer la meule tout près de la grange, du côté où il y aura une croifée, par où l'on pourra aifément l'introduire. Tout ce que j'ai remarqué dans ce chapitre, eft de la dernière conféquence, & l'on ne fauroit y faire une trop grande attention.

Récolte des Orges.

Il faut que l'orge refte cinq ou fix jours bien féparée dans les champs, après avoir été fauchée ; on y gagne beaucoup par la pluie, car la graine fe gonfle, & il en faut moins en la mefurant ; mais

L iv

il faut avoir grand foin que l'orge ou l'avoine foient bien féches avant de les ferrer. Le bled fe gâte prefque toujours quand il eft ferré trop humide ; la chaleur pénétre dans le monceau , la graine fe décolore , & la paille fe gâte. Ce font deux grands malheurs , & particulièrement le dernier ; car la paille de l'orge eft un excellent fourrage. Après avoir coupé l'orge , il faut ratiffer les champs ; on fe fert fouvent d'un inftrument qu'on appelle le rateau *de la rofée* , parce qu'on s'en fert le matin. Le laboureur le tire par un morceau de cuir : mais avec cet inftrument on ne fait pas beaucoup d'ouvrage ; le bras fe fatigue , & beaucoup de gerbes reftent dans les champs. Il y a dans plufieurs provinces un autre rateau qu'on appelle rateau à cheval , long de dix ou douze pouces , & tiré par un cheval ; cette machine fait beaucoup mieux & plus promptement l'ouvrage : on devroit l'introduire partout , car elle fait la befogne de vingt hommes , & le prix n'en eft pas bien grand ; on peut s'en procurer une complette pour quatre louis & demi.

Du Bled ou Sarrafin.

La récolte de ce bled eft la plus difficile à faire, car fi l'on n'en a pas grand foin , le grain fe perd.

Quand il eſt mûr, il faut le faucher à la roſée, & le laiſſer ſécher dans le champ : s'il eſt trop mûr, il faut le tranſporter humide avec la roſée ; car autrement il perdoit le grain en le voiturant. Comme la graine eſt noire, la couleur de l'échantillon n'eſt pas de grande conſéquence.

Des Pois.

Il ne faut pas faucher les pois, mais les arracher, & avoir ſoin de les retourner après la pluie ; car les tiges & les feuilles ſont ſi remplies de ſuc, que la paille ſe gâteroit, ſi on négligeoit cette précaution. Cette eſpece de fourrage eſt excellente pour la plupart des beſtiaux. Si on veut la mettre en meules, il faut le faire tout de ſuite, & le faire bien, car la moindre humidité nuiroit aux pois. Il y a des perſonnes qui ont conſeillé aux fermiers de faire nourrir leurs cochons avec les plantes entiéres des pois, ſans les écoſſer, pour en éviter la dépenſe ; mais c'eſt un très-mauvais conſeil ; l'épargne n'eſt pas grande, & la perte eſt très-conſidérable. Les cochons maigres mangeront tous les pois qu'ils trouveront ; mais les gras ne toucheront que ceux qui ſeront ſous leur nez, & fouleront le reſte aux pieds.

Des Feves.

Les feves font toujours coupées avec la faucille & liées en gerbes ; il faut les laiffer longtems aux champs ; c'eft pourquoi les gerbes doivent être petites. On peut les lier avec des liens
de paille, ou avec de la filaffe qui durera deux
ans, fi les batteurs ont foin de les conferver. On
peut très-bien entaffer les feves en meules.

Semence de Navets ou de Colfat.

La récolte des femences de navets, colfat, ou
choux verts, non-feulement eft très-incertaine,
mais fujette à toutes fortes d'inconvéniens. Le point
effentiel eft de ne pas laiffer échapper le beau tems ;
car comme il les faut battre, auffitôt qu'elles font
cueillies, ou du moins fans les rentrer ou entaffer, comme les autres graines, elles demandent
plus de bras qu'aucun autre produit de la terre.
Cette récolte eft très-vétilleufe ; car fi le laboureur
n'y apporte pas le plus grand foin, comme auffi
dans le tranfport à l'aire pour les battre ; il perdra
beaucoup de graine. Pour les tranfporter, on fe
fert de petites charrettes à quatre roues & à effieux
de bois, couvertes en drap, & tirées par un che-

val; les roues doivent avoir deux pieds de diamè-
tre, la couverture fix de long, cinq de large &
deux de tour, toute cette dépenfe ne doit guère
monter à plus de trente-fix francs, ou deux louis.
J'ai vu plufieurs de ces machines travailler tout à
la fois dans un feul champ. On fouleve la graine
très-doucement, & on la jette dans ces machines
fans la moindre perte; on la porte aux batteurs
qui commencent à travailler fans relâche, ayant
des hommes qui fourniffent à leur ouvrage par le
moyen des charrettes, & d'autres qui emportent la
paille de l'aire, & lorfque les bras ne manquent
pas, plufieurs arpens de terre font finis dans un
jour; mais s'il vient à pleuvoir, tout eft arrêté,
& la récolte endommagée; il ne faut donc pas
épargner le monde, hommes, femmes & enfans,
pour profiter du beau tems.

Du Glanage.

L'ufage de glaner eft univerfel & très-ancien
en Angleterre; cependant les pauvres n'en ont pas
le droit fans la permiffion des fermiers; mais on
le tolère. Cet ufage eft quelquefois porté à l'excès,
il faut donc que le fermier y mette des bornes,
que le glaneur ne puiffe paffer fous aucun prétexte. Les glaneurs commettent bien fouvent des

infidélités : ils enlevent même quelquefois jufqu'aux gerbes. Il faudroit donc une loi qui interdife aux glaneurs l'entrée d'un champ, jufqu'à ce qu'il foit dépouillé de la récolte, & ne pas permetre non plus aux beftiaux d'y entrer, qu'après les glaneurs.

Des Moiffonneurs.

Le prix que l'on donne aux moiffonneurs dans les différentes parties de l'Angleterre varie confidérablement, & dans la même province l'on trouve des fermiers qui paient différemment les uns des autres. La méthode commune dans quelques endroits eft de s'arranger par acre, foit pour faucher, pour couper, pour retourner ou faner, pour fecouer, pour lier, pour charger, pour entaffer, pour mettre en grange, &c. enfin, pour faire tout ce qui concerne la récolte. C'eft une très-bonne manière, mais cela demande autant d'attention de la part du maître, que s'ils étoient à la journée; car il faut être bien attentif à la manière dont fe fait chacune de ces opérations, & furtout prendre garde que les ouvriers ne coupent pas le bled hors de faifon ; qu'ils aient foin de le laiffer faner après la pluie, & de ne le mettre en grange ou en meule, que bien fec. Si l'on s'eft arrangé de payer les hommes par mois, par femaines, ou par jour, il eft néceffaire de veiller à ce qu'ils emploient bien leur tems. Si le ciel menace de pluie, les ouvriers doivent travailler tant qu'ils verront clair, à moins que la rofée ne foit trop forte ; car c'eft une maxime reçue dans plufieurs provinces, que le moiffonneur ne doit pas parler d'heures à la moiffon pour quitter.

Dans plufieurs provinces il eft d'ufage de nourrir les moiffonneurs , & dans quelques endroits ils coûtent très-cher à nourrir. Je ne confeillerai à aucun fermier de le faire, à moins que les ouvriers ne travaillent très-affidûment. Mais comme cet ufage eft déja établi , au point que les moiffonneurs ne font pas contens fans la nourriture, il faut avoir toute l'économie poffible ; la meilleure manière fera de faire engraiffer un bœuf ou deux, avec quelques moutons à cet effet.

Turneps ou Navets.

Il faut biner pour la feconde fois les navets dans le mois d'Août ; il ne faut pas négliger de le faire même dans le tems de la récolte, & l'on trouve toujours des hommes qui aiment à y travailler ; d'ailleurs, il faut toujours louer affez d'hommes pour faire les deux ouvrages , celui de la récolte, quand elle le demande, & celui du binage des navets , quand il eſt néceſſaire.

Des Choux.

La même opération eſt néceſſaire pour la ſeconde fois, aux choux plantés à la Saint-Jean. Au
commencement du mois d'Août, il faut labourer
les ſillons avec la double charrue, & jetter la terre
d'un côté & d'autre. La terre qui a été expoſée
pendant quelque tems à l'air & au ſoleil, ſera en
bon état pour faire pouſſer les fibres des racines,
il ne faut pas la toucher après en aucune manière;
car le choux eſt une plante qui croît avec une
ſurabondance, que les racines ſuivent très-volon-
tiers. La terre ainſi pulvériſée, les choux devien-
dront certainement d'une groſſeur proportionnée
à la quantité de nourriture qu'auront les racines;
il faudra auſſi avoir grande attention de détruire
toutes les mauvaiſes herbes & les taupinières avec
la houe ; c'eſt de-là que dépend tout le ſuccès
de l'entrepriſe.

Du tems de ſemer la graine des Choux.

Le mois d'Août eſt la ſaiſon pour ſemer l'eſpece de choux qu'on a tranſplanté en Avril, ou

au commencement de Mai. Il faut labourer une portion de terre en jachère, jusqu'à ce qu'elle devienne auffi bonne que celle des jardins, l'engraiffer abondamment avec du fumier très-pourri, que vous ferez entrer avec la femence, une livre de graine pour chaque arpent de terre fuffira.

Pour faire voir de quelle conféquence eft le produit des choux, je donnerai les exemples fuivans, pris d'un Livre très-connu, intitulé : *Le Tour de fix mois à la Campagne*, par M. Yong.

VALEUR PAR TONNEAU.

Pour engraiffer des bœufs, 10 l. 16 f.

Pour engraiffer des geniffes, 18 l.

Par l'expérience de M. Scrope, pour des bœufs, 6 l. 19 f.

Prix moyen, environ douze liv. de France.

Le produit d'un arpent de choux s'eft trouvé être d'après la table fuivante :

Dans les terres de M. Middlemore, 54 tonneaux.

— De M. Lysher, 27.

— De M. Tucher, 44.

— De M. Crorve, 35.

— De M. Turner, 39.

— De M. Smett, 18.

— De M. Scroope , 37 tonneaux.

— Du même , à Datton , 24.

— De M. Darlington , 40.

— De M. Dixon , 48.

Produit moyen , 36 tonneaux, lesquels à douze francs, reviennent à 432 livres par arpent environ. Pour ajouter à ce prix moyen , il faut inférer d'autres prix qui ne peuvent pas se découvrir par le poids.

Un arpent de choux a produit en argent :

	l.	s.
Dans les terres de M. Turner, en 1768 , ...	236	»
— Du même, en 1769, . .	291	»
— De M. Rockinghem , . .	240	10
— De M. Dodsnorsh, . . .	427	15
— De M. Storvel , ...	515	»
— De M. Scroope, en 1769, .	239	»
Pour les six arpens, ...	1949	5
Prix moyen, ...	324	17

Il est à propos de remarquer que ce prix est au-dessous de la valeur réelle ; on l'a supputé, selon

la

la valeur des choux pour engraiffer les beftiaux,
à douze francs par tonneau ; mais tous ceux qui
nourriffent les animaux, favent très-bien qu'on ne
peut pas fixer le prix. Les navets & autres végétaux nourriront & engraifferont un bœuf, mais
non pas fi bien que les choux. Les navets & le
foin ne feront pas non plus avoir aux vaches abondance de bon lait tout l'hiver ; cette propriété eft
réfervée feulement aux choux.

Ceux qui font accoutumés à l'énorme dépenfe
de nourrir les beftiaux avec du foin, verront tout
de fuite la différence du prix par les choux, à
douze livres le tonneau. La comparaifon eft encore plus frappante avec des navets ; le prix eft
à-peu-près de trois louis & fix francs par arpent.

Je crois n'avoir pas donné la jufte valeur des
choux ; c'eft pourquoi je veux en donner une table
qui contiendra des prix différens.

36 tonneaux à 10 liv. . . . . . . 360 liv.
—— à 11 l. 396
—— à 12 l. 432
—— à 13 l. 468
—— à 14 l. 504

Je ferai la comparaifon à préfent du produit
avec les rentes des terres :

M

	livres.	fols.	tonneaux.
M. Lyfter ,	18		27
M. Tucher ,	54		34
M. Turner ,	19		39
M. Crorve ,	15		35
M. Scroope,	18		37
Idem.	5		24
M. Darlington,	16	4	40
M. Dixon ,	18	6	48

163 . 10

Prix moyen de la rente, 20 liv. 10 fols.

Les terres de 18 liv. de rente & au-deſſous, ont produit, l'une portant l'autre, trente-deux tonneaux par arpent.

Celles au-deſſus de 18 liv., quarante-quatre tonneaux.

On peut voir par ces calcu's , qu'il faut planter les choux dans un terrein fertile & riche ; les cultivateurs ci-deſſus nommés , font de la même opinion : cette maxime s'accorde parfaitement avec la raiſon ; car la plante eſt très-forte & vigoureuſe, ſes racines très-profondes, & par conféquent, elle eſt très-propre à devenir groſſe & belle à proportion de la fertilité du ſol.

Quarante-quatre tonneaux à douze liv.   504 liv.

Trente-deux au même prix , . . .   384

(1) Différence en faveur des premiers , ...   120

Il est donc clair qu'il faut destiner la meilleure terre de la ferme à la culture des choux , & qu'il faut bien l'engraisser. Je ferai voir aussi la différence des sols pour produire les choux.

Dans des terres grasses & remplies de craie ,

M. Turner a récolté 39 tonneaux.

M. Crorve , . . 35.

M. Scroope , . . 37.

M. Darlington , . 40.

M. Dixon , . . . 48.

Produit moyen , . 39.

Dans des terres grasses , très-fertiles, M. Tucher a récolté 44 tonneaux.

---

(1) *Note du Traducteur.* L'on s'est astreint à traduire littéralement cet article & à laisser les poids , en réduisant seulement en argent de France , pour ne rien changer au sens de l'auteur , & faire voir l'importance de cette culture en Angleterre.

Dans des terres inférieures,

M. Middlenore a récolté 34 tonneaux.

M. Lyfter , . . . 27.

M. Smett , . . . 18.

M. Scroope , . . . 24..

Produit moyen , . . 30.

Malgré la préférence que l'on doit donner aux fols riches & fertiles pour les choux, on voit fouvent que ces plantes réufffiffent auffi très-bien dans des terres inférieures. A l'égard de la préparation pour la récolte des choux, on les feme en général dans des terres en jachère, en les fumant comme fi c'étoit pour des navets ; plufieurs effais ont été faits pourtant fans le moindre engrais. Il y a deux époques pour femer les choux , l'été & le printems ; la première eft dans le mois d'Août & Septembre, plus généralement dans celui d'Août, la feconde eft à la fin de Février jufqu'à la fin de Mars.

Les choux femés l'été fe tranfplantent en Avril ou en Mars, les autres en Juin ; on ne peut pas bien déterminer laquelle de ces deux époques eft la meilleure ; mais on peut remarquer en général, que les plus gros choux font ceux qu'on récolte l'hiver : l'expérience l'a fait voir dans les terres de MM. *Turner*, *Crorve*, *Turcker* & *Dixon*; ceux que M. *Scroope* recueille, font en général des choux du printems; les choux d'hiver l'emportent pour le poids. D'ailleurs, il eft bien aifé de concevoir que les plantes qui ont eu tout l'été pour croître, doivent être plus péfantes que celles qui ne font plantées qu'en Juin & tranfplantées au printems, qui eft ordinairement une faifon humide, doivent avoir un avantage décidé fur les autres, tranfplantées à la Saint-Jean, qui eft prefque toujours un tems fec.

Coup-d'œil rapide fur la manière d'engraiffer les Beftiaux.

Le produit des choux dans deux arpens de terre de la ferme de M. Yong a engraiffé trois gros bœufs; M. Ellevker a eu des bœufs engraiffés jufqu'au poids de quatre-vingt ftones; des bœufs de vingt-trois louis. Un acre peut en engraiffer deux de trente-fix ftones (1): le terrein étoit peu profond & abondant en craie.

L'on peut calculer l'avantage de nourrir les bœufs avec des choux, félon la façon de M. Turner, pendant quatre mois, à 140 liv. ou 150 liv. par acre.

____

(1) Une ftone eft de quatorze livres.

M. Scroope a vendu des bœufs de cent ſtones péſant, ſe ſoutenant bien dans leur graiſſe, ce qui n'arrive pas toujours, quand on les nourrit de navets.

Par les expériences indiquées ci-deſſus, l'on voit que les choux font une nourriture excellente pour toute ſorte de bœufs des plus forts ; & à l'égard des bouvillons & des géniſſes, il n'y a pas de doute qu'une plante qui peut engraiſſer les gros bœufs, doit être excellente pour les jeunes beſtiaux.

Les Choux ne font pas moins avantageux pour nourrir & engraiſſer les Vaches.

M. *Tucher* remarque que ſi les vaches ſe nourriſſent toujours de choux, ſans jamais changer de nourriture, le beurre eſt un peu rance.

M. *Turner*, par la nourriture des choux, a obtenu deux pintes de lait de plus par jour, mais il avoit auſſi un certain goût.

M. *Jlarvis* a fait faire d'excellent beurre ; mais il falloit s'en ſervir tout de ſuite, autrement il ne pouvoit ſe garder.

M. *Smith* en a eu d'excellent, & en auſſi grande quantité que l'été, qui ſe pouvoit garder une quinzaine de jours, mais il a eu ſoin de ne faire donner aux vaches aucunes feuilles de choux flétries.

M. *Dodfmorsh*, avec deux vaches, en Janvier, dont une qui venoit de vêler, & l'autre prête à vêler, a eu de produit dans une femaine, dix-fept livres & dix onces de beurre.

M. *Dalton* a eu de très-mauvais beurre, parce qu'il n'a pas eu foin de féparer les feuilles mortes & flétries.

M. *Scroope* tire de cette manière les plus grands avantages, il y trouve fix à gagner contre toute autre nourriture ; le lait eft en plus grande quantité & meilleur, le beurre excellent; mais il a la précaution aufli de faire ôter les mauvaifes feuilles des choux.

M. *Darlington* fe fert conftamment de choux pour les vaches à lait, il trouve le beurre excellent, & le garde longtems ; mais il a la même précaution pour les choux.

M. *Dixon* fait beaucoup de beurre qui a un goût parfait. Quand il manque de choux, il n'a guère de beurre d'hiver.

On ne fauroit difputer ni l'utilité, ni l'efficacité des choux pour nourrir & engraiffer les beftiaux, & l'on voit que par le moyen de cette nourriture, l'on obtient une grande quantité de lait & de beurre ; le grand point eft de l'avoir d'un goût parfait. Je ne vois pas la moindre néceffité de ne donner aux vaches que des choux ; il eſt néceſſaire au contraire de leur donner de tems en tems quelque portion de foin & de paille : mais en tout cas , il eſt démontré par les expériences que nous venons de rapporter, que le beurre eſt excellent , ſi les feuilles flétries ſont ôtées des choux. Ce ſont elles , ſans doute , qui communiquent un mauvais goût au lait & au beurre.

MM. Smett , Scroope , Darlington & Dixon ont eu d'excellent beurre , parce qu'ils ont eu la précaution de faire ôter les mauvaiſes herbes ; j'ai cru ne pouvoir m'empêcher de faire ces réflexions ſur une plante qui éſt d'une utilité auſſi étonnante ; elle fournit une nourriture prodigieuſe & ſi abondante , que les vaches produiſent du lait tout l'hiver. On ne peut comparer les choux à aucun autre végétal , pour les grands avantages qui en réſultent , & la culture de cette plante demande du fermier l'attention la plus ſoignée. Ayant ainſi examiné le mérite de cette plante pour nourrir , & engraiſſer les beſtiaux ; je donnerai un petit tableau de la quantité qu'ils en mangent ; il ſera court, mais d'une grande utilité pour calculer la proportion de la nourriture entre les beſtiaux, & par là on pourra déterminer combien de choux ſeront néceſſaires pour une certaine quantité donnée de poids de viande.

M. *Turner* a calculé qu'un bœuf de quatre-

vingt ftones mange deux cens dix livres de choux
en vingt-quatre heures , outre fept livres de foin.

M. *Scroope* a trouvé qu'un bœuf de cent ftones
mange en vingt-quatre heures cent foixante-huit livres de choux & fept de foin.

M. *Dodfnorsh* a fait fon calcul fur un bœuf de
foixante-dix-huit ftones , il en mange dans le même
efpace de tems deux cens vingt-quatre livres fans
foin.

Un bœuf de 80 , mange 15 ftones.
Un de 100 , ... 12.
Un de 78 , ... 16.

Voilà l'exacte proportion : un bœuf de cinquante-
une ftones, en mange onze. Suppofez donc qu'un
bœuf de quatre-vingt ftones commence à fe nourrir de choux le premier de Novembre , il aura confommé le dernier jour d'Avril , dix-fept tonneaux
de choux, & onze cens livres de foin.

Le produit moyen des choux eft à-peu-près de
trente-fix tonneaux par acre , ce qui fuffit pour
engraiffer deux bœufs d'une telle force , & laiffe
un furplus de deux tonneaux , qui fait une bonne
portion de la valeur du foin. Si , au lieu de deux
gros bœufs, l'on vouloit en nourrir & engraiffer
quatre de la moitié de ce poids , on pourroit les
mettre tout à fait maigres à cette nourriture , &
ils feroient engraiffés en moins de fix mois. Quel

avantage prodigieux de pouvoir engraiſſer quatre
bœufs avec un arpent de terre ! quel engrais ne
produiront-ils pas ! quels ſuccès n'obtiendra pas un
fermier, avec de tels avantages !

Des Pommes de terre.

Les pommes de terre en rayons doivent quelquefois être binées dans le mois d'Août ; même
quoiqu'il ſoit trop tard pour faire la même opération ſur aucune plante. Si les intervalles ſont
remplies de mauvaiſes herbes, ou trop fermes, ſi
les plantes ne ſont pas aſſez couvertes de terre,
faites-y paſſer le *cultivateur*, ou houe à cheval,
qui tranchera les mauvaiſes herbes, & amollira le
terrein ; après cela la charrue commune les éclair-
cira toutes, & en jettant la terre de côté & d'autre, leur ſervira de banc & de ſoutien. Il eſt très-
néceſſaire de le faire, car les racines & les fibres
errantes s'attacheront à la terre nouvellement remuée, & cela fera augmenter les récoltes.

Du Sainfoin.

Voilà le tems de faire entrer les beſtiaux dans
les champs de ſainfoin qui ont été fauchés en

Juin ; il faut avoir foin d'y faire paître toutes fortes de beftiaux fans diftinction. Si on laiffe dans ces champs trop longtems les brebis, elles en mangent le cœur, en attaquant la racine même. Les bœufs, les vaches, les chevaux, & toute forte de jeune bétail peuvent y paître en sûreté.

Mais on me permettra de remarquer que dans plufieurs fermes, le regain mangé dans le champ n'eft fouvent pas bien néceffaire. C'eft le fourrage qui eft de conféquence ; dans ce cas, le fainfoin recoupé redonneroit bien plus que le pâturage. On prétend que de couper la feconde fois nuit beaucoup au fainfoin ; mais comme on n'a encore fait aucune expérience pour le prouver, je fuis porté à croire que ce n'eft qu'une fuppofition. Il fera peutêtre arrivé quelque accident dans des terres ingrates ; mais il n'y a pas de raifon pour en faire une maxime générale, & malgré tout ce que l'on a dit à ce fujet, je confeillerai aux cultivateurs de fainfoin, d'en faire l'effai en faifant couper la moitié d'un champ deux fois l'année, & l'autre moitié feulement une fois, continuant la comparaifon pour voir la différence, jufqu'à ce que les deux parties foient entièrement confommées. Cet effai décideroit la queftion, & feroit de grande utilité à bien des fermiers qui ont eu là-deffus des idées remplies de faux principes & de préjugés.

De la Pimprenelle.

La pimprenelle qu'on a laiffée dans les champs pour femence, doit être coupée vers la fin de ce mois ; il faut bien de l'attention en la fauchant, car la graine fe perd aifément, il vaut mieux la faire battre dans les champs mêmes, comme l'on fait pour les navets & les choux verts, & faire du foin de fa paille ; la récolte eft très-abondante, & il y en a qui maintiennent que la pimprenelle eft auffi bonne pour les chevaux que l'avoine. On n'a pourtant pas encore fait affez d'effais ou d'expériences pour en affurer.

Des Jachères.

Ce qui nuit beaucoup aux fermiers, eft de négliger les jachères deftinées à femer le froment & l'orge. Ils prétendent n'avoir pas affez de bras pour labourer la terre, tandis que l'on fait la récolte du bled. Il eft vrai que tout le monde doit s'occuper à faire rentrer le bled ; mais tandis qu'on le fauche ou qu'on le fane, il n'y a que les hommes qui y foient occupés, les chevaux ne devroient pas refter à rien faire : l'on voit fouvent ces terres en friches, & remplies de chardons &

d'autres mauvaifes herbes, vers la fin de la moiffon, tandis que les bœufs & les chevaux font ref-
tés les trois quarts du tems à l'étable. Si vous de-
mandez pourquoi l'on a négligé ces terres, l'on
vous répondra que la terre ne doit pas être dans
un état bien parfait pour le froment, que le bled
ne réuffit jamais dans des terres fans mottes, &
que fi elles font bien conditionnées, elles ne pro-
duiront que de mauvaifes herbes. Tout ceci prouve
que leurs jachères ne le font point du tout; car
une terre bien cultivée ne doit point avoir de mauvaifes herbes; fi elles n'ont pas été extirpées, elle
ne vaut rien.

Du Parcage.

Dans ce mois-ci, le fermier doit continuer à
parquer, les troupeaux s'en trouveront fort bien,
& la terre en recevra un grand avantage. Souve-
nez-vous qu'il faut toujours parquer d'abord, la terre
qui doit être femée la première : les champs de luzerne peuvent être parqués dès le moment qu'ils
font coupés, & s'il n'y en a pas, on parque les terres deftinées à être femées en bled.

Des Cochons.

Dans cette faifon les truies font leur feconde cochonnée, & fi le fermier n'a pas eu la précaution d'avoir beaucoup de lavure dans le réfervoir, il fe trouvera bien dans l'embarras. Le trefle ne fert pas pour les truies & les cochons, il faut les nourrir avec du lait de beurre & du petit lait, qu'on a confervé dans la laiterie, le fon, le méteil, l'orge, le bled farrafin, ou les pois, moulus en farine, & mêlés avec le lait font excellens.

Des Carottes.

Il faut **examiner** vers la fin de ce mois, les carottes, & les faire houer bien légérement, afin d'extirper le peu de mauvaifes herbes qui peuvent s'y être introduites depuis la dernière opération en Juin. Si on les a houées comme il faut la première fois, il fuffira de les faire farcler.

SEPTEMBRE.

LE BLED.

On a trouvé par l'expérience de plufieurs provinces, auffi bien que par des effais particuliers ,
que ce mois eft la véritable faifon pour femer le
bled. Dans la première quinzaine , on pourra femer les jachères , & dans l'autre , les terres en trefle,
bien engraiffées. Il faudra cependant obferver que
cette regle n'eft pas génerale : au contraire , fi le
mois de Septembre eft très-fec, il fera néceffaire
d'attendre la pluie ; mais en Septembre, il en tombe
ordinairement en abondance ; & en général, ce
mois-ci eft toujours plus préférable que celui d'Octobre.

Un écrivain de mérite qui vient de l'éprouver
après avoir fait bien des expériences , s'en explique
ainfi :

Le bled femé de bonne heure , dit-il , avoit befoin d'être bien farclé avant l'hiver , à l'égard
donc du labourage après l'enfemencement , celle-
ci étoit la feule différence pour la dépenfe , (excepté celle de la charrue,) en le faifant en Juillet

ou Août , & en Septembre ou Octobre. L'objection principale du fermier pour femer de bonne
heure le bled , étoit la néceffité de le farcler.
« Si nous femons de bonne heure, difent les fer-
» miers, nous aurons le bled rempli de mauvai-
» fes herbes, qui finiront par détruire la récolte ».
Cette objection feroit frivole , fi on pouvoit en
tirer quelque avantage : car admettant qu'il feroit
difficile de nettoyer promptement la jachère comme il faut , le bled néanmoins demande d'être
bien farclé.

Je me fuis fouvent fervi de la manière commune de faire farcler à la main, dans des champs
femés à la volée en *plein*, & quand le bled eft
femé de bonne heure, l'ouvrage eft beaucoup plus
facile à faire. Si cette méthode ne plaît pas, l'on
peut fe fervir d'une houe à quatre pouces, laquelle , fans doute , détruira en effet toutes les
mauvaifes herbes ; mais je puis affurer, par l'expérience de plufieurs années , que la dépenfe de
faire farcler dans un champ femé en plein, ne va
jamais au-delà de fix livres par arpent , pourvu
que la jachère foit labourée à l'ordinaire, c'eft-à-
dire, qu'on ait commencé à y travailler dans l'automne ou auparavant ; car dans la manière incon-
cevable de fe fervir de la charrue pour femer l'orge ou le bled, ils courent grand rifque d'être to-
talement abîmés. La feconde quinzaine de Septembre ,

tembre, ou la première d'Octobre, font les époques pour femer le bled, & c'eft un mois entier
avant que les fermiers de Suffolk fement le leur;
toute objection donc à cet égard devient inutile,
car l'expérience prouve le contraire.

Ce n'eft pas qu'il n'y ait des fermiers qui s'i-
maginent que la meilleure faifon pour femer le
bled eft vers la fin d'Octobre, mais ma propre
expérience m'a toujours convaincu du contraire;
& je ne me fuis jamais apperçu qu'il y ait la moindre différence entre le bled femé à différentes époques; ils n'ont pas plus fouffert les uns que les
autres, & le vent ne les à pas couchés davantage.

Pour femer, la première confidération eft la
qualité de la femence, il y en a de tant de fortes, qu'il eft difficile d'indiquer la meilleure. Cependant le froment blanc, en général, & le rouge
du Comté de *Kent*, font regardés comme les plus
propres à donner la plus belle fleur de farine;
mais dans plufieurs pays argilleux & humides, les
fermiers préfèrent ce qu'ils appellent gros froment,
& dans quelques provinces *Clog* ou *Rivets*; mais
fon nom véritable eft froment *barbu*, il fe vend
ordinairement trente-fix ou quarante-huit fols le
minot moins que les autres fortes, mais par fa
confiftance & fa durée, l'on eft fûr d'avoir une

N

récolte plus abondante, & conféquemment on eft indemnifé.

D'après le réfultat de mes expériences, il me fera permis d'en tirer les conclufions fuivantes :

Premièrement, il eft à préfumer que le bled étranger, même celui des climats les plus oppofés, eft fupérieur au nôtre.

2°. Le bled qui a été recueilli pendant plufieurs années dans le voifinage, ne fait pas grand profit, il eft même pire que tout autre.

3°. Le bled des terres fablonneufes du comté de Norfolk eft très-mauvais, il ne réuffit pas même dans un fol argilleux.

4°. La femence que produit la vallée d'Evesham, eft excellente ; la rouge de la province de Kent eft auffi très-bonne, celle de la province de Cambridge pareillement ; mais elle ne vaut pas les deux efpeces ci-deffus défignées.

5°. Il n'y a pas grande différence entre le froment rouge & le blanc ; le barbu produit davantage, mais fa qualité eft inférieure.

6°. Le feul changement de fol eft de grande conféquence, comme le prouve la fupériorité du bled dans des terres argilleufes, fur celui des terres fablonneufes, & comme le prouve encore celle du bled qui eft le produit d'un fol fablonneux, fur celui qui a été longtems recueilli dans le voifinage pour préparer la femence. L'ufage de l'infufion des

liqueurs eſt tout-à-fait aboli ; mais il eſt néceſſaire
de le laver pluſieurs fois dans de l'eau très-propre ,
pour ôter les particules noires & la pouſſière ; par
cette méthode vous aurez certainement une plus
belle récolte : cette opération eſt bien néceſſaire ;
car par-là vous pourrez découvrir les grains légers & pailleux. Tous ceux qui ne vont pas vîte
au fond doivent être ôtés tout de ſuite , & alors
vous ſerez ſûr de ne ſemer que les plus ſains &
les plus remplis. L'infuſion de la graine dans de
l'urine ou de la ſaumure a ce grand avantage, celui de préſerver le bled d'être rongé des vers,
vercoquins , &c. ; mais elle n'augmente pas la
moiſſon. Après l'infuſion ou le lavage , il eſt d'u-
ſage de l'entaſſer & d'y mêler du ſel ; on le ſeche ,
après avec de la chaux. Dans des ſaiſons ſeches
le ſel eſt excellent pour rendre le bled moîte , ce
qui le fait pouſſer beaucoup plus vîte.

On n'eſt pas d'accord ſur la manière de labourer la terre pour le bled , s'il eſt mieux de rendre
le terrein plus ou moins plat, ou de former des
petits ſillons à une perche de diſtance , & les raies
pour les eaux, à trois pieds. Dans la première
méthode, on enterre la ſemence avec la herſe , &
dans la ſeconde avec la charrue , en formant les
raies ; ſi la terre eſt trop mouillée & que l'eau ne
coule pas, il faut les faire au moins de trois pieds,
parce qu'alors chaque ſillon devient une eſpece de

N ij

canal, & quand il eft bien creufé, pas une goutte d'eau ne reftera fur le fol. Dans des terreins fecs, il vaut beaucoup mieux labourer la terre à plat, parce qu'alors on coupe le bled plus également.

On feme ordinairement deux boiffeaux fur chaque arpent de terre : on a pourtant introduit la méthode d'employer moins de femence.

Tableau des Expériences de M. Young.

	Boiffeaux.	Picotins.
Deux picotins ont rendu . .	6 .	. 3
Un boiffeau , ...	9 .	. 3
Un boiffeau & demi , . . .	15 .	. »
Deux boiffeaux , ...	19 .	. »
Deux boiffeaux & demi , . .	20 .	. 3
Trois boiffeaux , ...	19 .	. »
Trois boiffeaux & demi , . .	13 .	. 3
Quatre boiffeaux , ...	10 .	. 3
Quatre boiffeaux & demi , . .	8 .	. »
Cinq boiffeaux , ...	6 .	. »

Ce qui prouve que le trop de femence ne fert à rien.

Il eft très-important, dans la culture du bled, de former des fillons pour faire couler l'eau ; cette opération eft néceffaire dans toutes les terres, ex-

cepté celles qui font feches pendant tout l'hiver,
ou qui ne font pas deftinées au bled. Il faut les
creufer avec la charrue, auffitôt qu'on a fini de
labourer & de femer, & au bout de ces fillons
ou petits canaux, il eft néceffaire d'en faire un
grand, en rejettant les mottes fur la terre, & ouvrir les fillons afin que l'eau puiffe couler aifément
dans les petits canaux qui aboutiffent au grand. A
l'égard du nombre de ces petits canaux, cela dépend de la furface de la terre ; il eft néceffaire
d'en faire autant qu'il en faut pour qu'il ne refte
pas d'eau du tout autour du bled, même dans les
faifons les plus humides. Dans les champs où il
n'y a pas de pente, il eft néceffaire de faire creufer des doubles fillons pour faire couler l'eau, à
douze pieds de diftance l'un de l'autre.

L'on feme fouvent le bled dans des terres en
trefle, & c'eft la culture la plus avantageufe. En
labourant cette terre, c'eft une excellente méthode que de faire entrer une charrue, d'abord
pour en ôter une petite quantité, à-peu-près à
quatre pouces de profondeur, enfuite un autre foc
dans le même fillon, environ à trois pouces, fou-
levant le terreau & enfonçant le gazon, en même
tems la herfe rend après la furface bien unie, &
le bled trouve un lit de terreau pour y germer,
au lieu de fillons fimplement labourés une fois,
où il ne peut pivoter.

N iij

On le feme quelquefois dans des terres où il y a eu des feves, & c'eft une manière excellente quand les feves ont été bien confervées ; mais fi elles n'ont pas été fumées & bien houées, il faudra labourer la terre trois fois. Dans ce cas on pourra retarder l'enfemencement jufqu'au mois d'Octobre, mais jamais plus tard ; auffitôt qu'on aura ferré les feves, il faudra donner le premier labourage, & avant la fin du même mois, le fecond.

La culture du bled n'eft avantageufe que po r ceux qui la foignent avec toute l'attention poffible ; car s'ils la négligent, ils font sûrs d'être dupes de leur travail. Les remarques fuivantes font très-juftes à tous égards.

1°. Si on vend le bled au marché, voilà où l'on peut commencer à tromper, parce qu'il diminuera beaucoup dans le tranfport, fi le maître ne le fait mefurer devant lui avant de le livrer : enfuite celui que l'on confomme paffe entre les mains de ceux qui doivent le moudre ; alors il y a mille occafions pour voler le fermier, en fubftituant au poids, du fel, des cendres, de la chaux, &c. On peut encore en voler davantage dans le tems de la moiffon, les glaneurs & les glaneufes ôtent toujours quelque chofe des gerbes, & l'ajoutent à leur glanure ; & dans le tems du battage, le fermier perdra le cinq, le fix, & même le dix pour cent de la récolte ; s'il n'a pas l'œil à toutes les différentes opérations. Tout le monde fait que les ouvriers ne battent jamais le bled qu'avec des habits qui ont des poches dans la doublure , qui contiennent la moitié d'un picotin chacune ; d'ailleurs ils ont l'art de remplir des facs , & de les cacher fous de la paille ou en quelque recoin près de la grange , pour l'emporter quand ils peuvent : il y a du danger auffi quand on le mefure , & quand on le fait paffer au grenier ou chez les perfonnes qui l'ont acheté ; car il eft très-aifé à un charretier de laiffer un fac de bled , chemin faifant , chez un ami , ou en chargeant la charrette. Je fuis fâché de parler un peu trop librement de l'honnêteté des domeftiques ; mais la néceffité eft bien fouvent la caufe des actions déshonorantes , & l'on voit à préfent les pauvres voler publiquement le bois , fans qu'on y faffe , pour ainfi dire , attention , ou qu'ils croient eux-mêmes commettre un vol.

Bled femé en rayons.

Tableau de bled produit dans les terres femées en plein ou en rayons :

Livres tournois.

Feves femées en plein , . . 49 liv. 5 fols.

Orge, de la même manière, .   36 liv. » f.

Trefle, *idem.* 122   8

Froment, *idem.* 55   8

Il paroît que le froment femé en plein ou pêle-mêle, eft bien fupérieur en produit à celui qui eft en rayons; mais il n'en eft pas ainfi pour les feves, elles produifent plus quand elles font en rayons. Le trefle femé en plein réuffit prodigieufement, & produit l'avantage confidérable de préparer la terre pour femer le bled. L'orge femé en plein vous donne un profit de trente-fix livres par arpent, & après la terre fe trouve préparée pour le trefle, qui eft de grande importance. Le réfultat donc des deux manières de femer eft, felon le tableau fuivant, par ordre de culture:

La première année, feves en rayons;

La feconde, orge;

La troifième, trefle;

La quatrième, froment;

Semés en plein.

En fubftituant le profit des feves, ainfi femées, à celui de celles femées en plein, ces quatre récoltes donneront un profit annuel de 277 liv. 16 f. de France, ou 69 liv. 11 f. par arpent: dans des terres légères il ne faut pas penfer à cette méthode.

Je vous dirai franchement que la dépenſe pour
faire cultiver en rayons eſt conſidérable , il m'en
a coûté un petit écu par arpent ; d'ailleurs , toutes
les charrues pour houer ſont mauvaiſes , ou du
moins ne ſont pas parfaites , comme il faudroit
qu'elles fuſſent. Si quelqu'un m'engageoit à faire
labourer cent arpens de terre avec de pareilles
charrues , je ne conſentirois pas à le faire à moins
de trois livres par arpent ; c'eſt une grande ſomme
il eſt vrai , mais les outils ſont mauvais , & ſouvent ont beſoin d'être raccommodés. Depuis la pu-
blication de cet Ouvrage , on a inventé pluſieurs
charrues pour cet uſage ; mais malgré tout cela ,
je ſuis encore de même avis. Ces charrues ſont
excellentes pour ceux qui cultivent ainſi le bled
pour leur amuſement , mais ne ſerviront jamais
aux fermiers qui ſouhaitent avoir une bonne récolte ; ils n'examinent pas les particularités de l'inſtrument , & ils aiment à donner leurs ordres d'une
manière bien ſimple. Ils aiment à dire , par exemple : « Les charrues iront demain dans la piece de
» vingt arpens ; deux herſes les ſuivront , deux au-
» tres iront quelqu'autre part ; le rouleau travail-
» lera dans la piece de dix arpens ; les charrettes
» iront chercher de la marne , & le tombereau
» à un tel endroit pour du fumier ; Jean un tel
» ſémera un ſac de grain par arpent en ſuivant la
» charrue ». Ces ordres ſont bien donnés , bien en-

tendus & bien exécutés , fans la moindre difficulté.
Le fermier fe leve de bonne heure pour voir fi
tout le monde eft forti , il s'en va à une certaine
heure aux champs , pour voir comment fe fait l'ouvrage , & s'il manque. L'homme qui eft à la tête
des ouvriers peut lui en rendre compte , & conduire le labourage, fi le maître eft à dix lieues de
diftance ; mais fi au contraire il falloit dire : « En-
» voyez quatre charrues dans la place de vingt
» arpens ; que deux herfes les fuivent , & enfuite
» la charrue pour rayonner ; il faudra avoir foin
» de ne pas fraifer plus que cinq picotins d'orge
» par arpent ; & fouvenez-vous , Jean , de ne pas
» aller plus profond que de quatre pouces. Avez-
» vous pris garde à ce fer qui guide la charrue ?
» il faut avoir foin de le varier , comme je vous
» ai montré , & de le faire mouvoir oblique-
» ment ». Après de telles inftructions, fi Jean a
beaucoup d'efprit, les affaires iront bien ; mais
malheur au fermier qui fe fie au hafard. D'ailleurs,
la machine eft fujette à mille accidens dans les
mains d'un payfan ; elle eft trop compliquée, &
fi on laiffe paffer la faifon , adieu tout efpoir de
récolte. Dans la manière ordinaire rien ne peut
arriver pour empêcher le labourage. Malgré tous
ces inconvéniens , cette charrue eft de grand avantage , particulièrement pour les feves ; & il eft
dommage que nous n'ayons pas de machines plus

simples & moins compliquées, ou du moins des machines exprès pour les feves.

Trefle.

La seconde fauchaison pour le trefle n'est prête en plusieurs terres que la première semaine du mois de Septembre. Cependant en engraissant la terre comme il faut, on aura l'avantage de faucher de bonne heure. Les jours courts & pluvieux, si communs dans cette saison, ne sont pas favorables au fauchage. Il ne faut pas destiner les champs de trefle, qui ont servi de nourriture aux troupeaux, pour y semer le bled, & il vaut mieux labourer pour cela ceux d'où sortent les cochons, parce qu'ils peuvent alors se nourrir de glands.

Des Moutons.

C'est dans le mois de Septembre qu'il faut penser à se pourvoir de moutons ; il est nécessaire de bien examiner la situation de la ferme, afin de savoir quelle sorte de troupeaux sont les plus avantageux. C'est ainsi qu'ordinairement on les choisit, on prend, ou

1. Des jeunes brebis.

2. Des moutons de deux ou trois ans.

3. Des agneaux.

4. Des vieilles brebis.

Les provinces fuivantes donnent les meilleurs moutons.

1. Teefnaler.

2. Lincoln.

3. Dorfet.

4. Vritts.

5. Nerlfold.

6. Norfolk.

7. Les moutons Gallois.

8. Les moutons des marais.

A l'égard de la race, il eft important d'en acheter de bonne efpece , que votre terre foit des meilleurs ou non. Quant à la grandeur, il faut la proportionner à la nourriture que vous pouvez donner à vos troupeaux ; fi votre fol eft pauvre, léger & fablonneux, les moutons du pays de Galles , de Norfolk ou des marais , font les meilleurs ; de telles terres vous conferveront toujours la race, mais elles n'engraifferont jamais vos troupeaux. Il vaut donc mieux acheter des moutons robuftes, & y mêler des petits béliers de bonne race ; en fe fouvenant pourtant que pour de tels fols, il n'y a rien de plus dangereux que des béliers trop jeunes : dans des terres plus fertiles, vous pouvez en choifir de plus grands. Les moutons les plus grands font ceux de Licoln ; mais des troupeaux fi grands ne font bons que dans des pâturages gras, de trente-fix à quarante-huit livres de France, de loyer par arpent. Ceux de Leicefter font prefque auffi bons, quoiqu'un peu plus petits. Pour des terres depuis douze jufqu'à trente livres de loyer, il faut choifir les moutons des provinces de Hertsford, de Dorfet ou de Wilts, ils feront toujours beaucoup plus de profit. Le premier article, c'eft-à-dire, d'avoir des brebis de belle efpece, eft très-avantageux pour ceux qui veulent conferver la race ; alors on en tire du profit en agneaux, en laine & pour le parcage. Le fermier qui veut acheter des brebis de race, doit bien examiner la nourriture & le pâturage qu'il a, & borner le nombre de fon troupeau à proportion. Il y a toujours des pâturages d'inférieure qualité, les meilleurs étant pour les vaches ; du trefle, de la pimprenelle & d'autres herbes très-bonnes pour les troupeaux ; d'ailleurs, il y a le droit de les faire paître fur des communes, & fur des landes qui font quelquefois annexées à la ferme. Il faut auffi avoir foin de conferver une certaine quantité de navets ou de

choux pour la nourriture d'hiver, comme en général, dix arpens de terre ainfi enfemencée pour
chaque cent de moutons, & une piece de terre de
pimprenelle ou d'autres herbes, où l'on puiffe les
mettre au printems. Il faudra toujours, quand on a
de tels troupeaux, les faire parquer, même au
milieu de l'hiver, ayant foin de le faire fur des
terres feches ou graveleufes, ou fans cela, à l'a-
bri fous des hangars, avec grande abondance de
litière. Le profit de ces troupeaux, fuppofé que
les brebis de deux ans aient coûté dix-huit livres,
fera à-peu-près felon le tableau fuivant :

Pour la laine, ...	4 liv.	16 f.
Pour un agneau, ...	12	»
Pour l'avantage du terrein par- qué, au moins, ...	1	16
Somme totale, . .	18	12

Mais cela dépend de l'efpece des troupeaux, il
faut qu'ils foient de la meilleure race, & non
pas trop grands ; ceux de la province de Herford
font excellens ; les troupeaux de Norfolk font d'une
efpece inférieure, & on peut le calculer de la manière fuivante :

Pour la laine, ... 1 liv. 4 f.
Pour un agneau, ... 9 »
Avantage du terrein parqué, . . 1 4

Total , . . 11 8

Il y a une autre manière de fe fervir des brebis, c'eft de les acheter le mois de Septembre,
& de les mener paître fur des terres en chaumes,
jufqu'à ce qu'elles aient agnelé , les nourrir après
avec des navets ou des choux , non pas très-
abondamment, mais leur en donner affez pour les
conferver en bon état. L'été fuivant, vous vendez
les agneaux dès qu'ils font gras, & faites engraiffer les brebis après ; de cette manière , vous vous
défaites des uns & des autres dans l'efpace d'une
année , & vous en retirerez le profit fuivant :

Pour la laine, ... 4 liv. 16 f.
Pour l'agneau & la brebis , . 36 »
Avantage d'avoir été parqués
pendant quatre mois , ... » 12

Total , . . 41 8
La brebis a coûté , ... 18 »

Profit, . . 23 8

Pour cette opération, il faut avoir les brebis de bonne heure, afin qu'on puiſſe engraiſſer & vendre les agneaux dans le commencement de Mai au plus tard; ſi on a beaucoup de navets & de choux, le profit ſera encore plus avantageux; car les agneaux gras ſe vendent ſouvent au commencement de Mai, juſqu'à un louis piece, quand ils ſont de la race de Hertford.

Il y en a qui achetent des brebis inférieures à l'âge d'un an, dans ce même mois de Septembre, pour les revendre graſſes un an après; le calcul n'eſt pas du tout avantageux; il vaudroit mieux des moutons de deux ou trois ans, dans ce mois-ci, les nourrir paſſablement bien pendant l'hiver, en leur donnant de tems en tems des choux ou des navets, & les parquer dans des terres ſeches, où ils reſtent ainſi juſqu'au mois de Juillet; on les fait paſſer après dans de bonnes prairies, & enſuite à la nourriture des navets, de celle des navets à celle des choux; & on les vend en Avril ou Mai, lorſque le mouton eſt plus cher que dans aucune autre partie de l'année; le profit alors pourra ſe trouver ainſi :

	liv.	ſ.
Pour un mouton gras, . . .	32	8
Pour la laine , ...	6	»
	38	8

Avantage

Ci-contre, . . .	38 liv.	8 f.
Avantage fur la terre parquée, .	1	16
Total, . .	40	4
Prix coûtant, . .	19	4
Profit, . .	21	»

Par cette méthode, prefque toute la première année eft employée à parquer, & cela vous fert
pour tout le refte de l'année. Il faut obferver que
le profit provenant de l'engrais fur les terres parquées, eft bien plus confidérable que celui que je
viens de noter dans les exemples ci-deffus. A la
longue, ce profit eft incroyable & au-delà de tout
calcul, les moutons font plus aifés à garder & à
nourrir que les brebis ; d'ailleurs, ils font moins
fujets à fouffrir par les accidens ordinaires. Les
moutons d'un an s'achetent auffi dans ce mois-ci,
& on les vend un an après, gras, & le profit eft confidérable. Il fera néceffaire de dire quelques mots
fur les vieilles brebis ; l'on tire tous les ans , du
troupeau qui n'a pas été engraiffé, un certain nombre de brebis, on les vend & l'on retient le même
nombre d'agneaux à leur place. La méthode de les
tirer eft, felon l'état de leurs bouches, quand les

dents leur manquent, au point qu'elles ne peuvent plus fe nourrir dans les pâturages ordinaires, ni être parquées ; on les choifit, & on les fait paffer aux marchés & aux foires, où ces fermiers qui ont des terres plus riches, les achetent & les font engraiffer. Cette manière de vendre eft très-avantageufe, il eft vrai que le prix n'eft pas bien confidérable ; le prix moyen peut fe fixer à neuf francs, on en vend quelquefois à douze liv. ; mais le fermier qui les achete, les conferve jufqu'à ce qu'elles aient agnelé, les engraiffe après avec des choux ou des navets, & les vend enfuite avec avantage. Si, par exemple, elles coûtent fix louis la vingtaine, elles fe vendent quelquefois dix-huit livres, l'on voit bien que le profit fe triple.

Pour engraiffer les Beftiaux.

Il faut faire grande attention dans ce mois-ci aux beftiaux que l'on a deffein d'engraiffer, & au foin qui refte ; il arrive bien fouvent dans le mois de Septembre, que la nourriture manque; il faut donc y fuppléer par quelqu'autre moyen ; car un bœuf, ou toute autre bête qui eft prefque engraiffée requiert d'être bien nourri ; fi on lui diminue les vivres, il commence à maigrir. Vers le milieu de ce mois, il faut avoir une grande piece

de terre, fauchée, prête à recevoir les beſtiaux.
Vers la fin du mois, juſqu'à la moitié d'Octobre,
il en faut une autre tout-à-fait fraîche. Le bœuf eſt
à meilleur marché à la Saint-Michel, que dans
aucun autre tems de l'année ; car on fait conduire alors tous les autres beſtiaux au marché ;
ceci devroit faire changer au fermier ſa méthode
ordinaire, & il devroit vendre alors ſeulement une
partie de ſon bétail, c'eſt-à-dire, ceux qui ſont
tout-à-fait gras, & qu'il ne peut plus garder, &
nourrir le reſte quand toute l'herbe eſt paſſée, avec
des choux ou navets.

Vaches.

Pour les vaches à lait, il faut beaucoup d'herbes pendant tout ce mois, autrement le lait leur
manquera plutôt dans cette ſaiſon que dans une
autre ; la luzerne fauchée, tandis qu'elle eſt verte
& donnée aux vaches dans la cour, eſt pour
elle la meilleure nourriture, le produit eſt ſi régulier & ſi peu dépendant des ſaiſons, qu'il eſt
très-aiſé de proportionner le nombre de beſtiaux
aux herbages, & alors on ne manquera pas de
nourriture. La luzerne fauchée réguliérement tous
les jours, en fournira juſqu'à la troiſième ſemaine
d'Octobre ; &, quoiqu'il y ait des perſonnes qui

foutiennent que les vaches ainfi traitées ne donnent pas autant de lait, que quand elles font en
pâture : il eft vrai néanmoins qu'en fuppofant même
qu'elles n'en donnent que la moitié, cette moitié
rendra certainement plus de profit réel fur la totalité ; car il faut fi peu de terrein pour nourrir
les vaches au ratelier, qu'il n'y a pas de comparaifon entre ces deux méthodes, fi l'on regarde
le profit.

De l'Engrais des Prairies.

Il faut engraiffer les prés avec des compots &
non pas avec du fumier feulement, pour plufieurs
raifons. Le fumier ne doit pas être tellement pourri, qu'il fe rende liquide ; fa force & fa qualité
fe perdent quand il eft trop pourri ; & quand il eft
en bon état, il eft fi bon pour les terres labourables, qu'il n'y a pas de profit à le faire mettre
fur de l'herbe. D'ailleurs, il y a beaucoup d'autres ingrédiens à mêler au fumier, qui le rendent
plus propre pour l'herbe que pour les terres labourables. Il faut y mêler de la craie, de l'argile,
de la tourbe, de la terre de foffés, de la vafe
d'étang, de la chaux, des cendres, de la fuie &
du fumier. Tout cela, ou au moins une partie,
mêlé enfemble deux fois dans le cours d'une an-

née, fera très-propre pour répandre fur les prés,
& avec un peu de fumier parmi, l'engrais deviendra excellent. Septembre eſt la véritable faiſon pour
faire le mélange de ces engrais, il faut en mettre
quinze ou vingt charrettes fur chaque arpent, &
pas davantage. On n'engraiſſe jamais trop les terres labourables, mais on peut aiſément trop engraiſſer les prés ; car quand il y a trop d'engrais,
il ne peut pas facilement pénétrer. Il faut avoir
ſoin de faire répandre les monceaux bien régulièrement, c'eſt plus néceſſaire que fur les terres labourables ; un bon fermier fait fumer ſes prairies
& ſes pâturages tous les trois ou quatre ans, excepté quand elles ſont très-graſſes.

Découpage (1) *des Prairies.*

C'eſt une nouvelle méthode que celle de découper les prés ; elle n'eſt pas encore bien connue :
elle conſiſte à couper le gazon avec une charrue
qui n'a que des coûtres, ou une herſe fendante,
enſorte que la ſurface puiſſe être fendue ou dé-
chirée. Cette opération eſt tout-à-fait oppoſée à l'i-
dée ordinaire du roulage en automne, qui ſe fait

---

(1) terme technique que je n'ai pu rendre autrement.

O iij

à deſſein, non-ſeulement d'applatir la terre pour la rendre propre à la fauche, mais auſſi de preſſer la ſurface autant que l'on peut, & c'eſt pour cette raiſon que l'on choiſit les rouleaux les plus lourds.

S'il y a quelques défauts dans la nature du gazon qui puiſſe empêcher la terre de produire du foin à proportion de la fertilité du ſol, ils proviennent de ce que la ſurface eſt attachée à une terre humide, qui l'empêche de jouir de l'influence de l'atmoſphère. Le roulage augmente cet inconvénient, car plus vous preſſez le ſol, moins les racines de l'herbe auront de ſéve : mais ſi vous le découpez & le déchirez en piece, c'eſt comme ſi vous le faiſiez houer, & cela donne le moyen aux racines de pénétrer dans la terre déliée. Si vous avez envie auſſi de fumer vos près, cet argument devient plus fort : après avoir découpé la ſurface & mené l'engrais, il entrera dans les ſillons des coûtres, & alors il pénétrera où vous ſouhaitez qu'il ſoit, aux pieds des racines de l'herbe. Tout le monde ſait combien il eſt difficile de faire entrer l'engrais dans le gazon, il faut herſer pluſieurs fois, & rouler avant que de le faire entrer. La moitié de l'ouvrage ſeroit faite ſi l'on ſe ſervoit de la méthode de découper.

Il y a cependant dans le roulage un grand avantage, c'eſt celui de faire produire une herbe plus fine & plus belle ; en détruiſant les vers, on ôte cette différence de couleur qui eſt moins agréable à la vue, & le gazon devient d'un plus beau verd ; c'eſt pourquoi il eſt bien de faire rouler les prairies tout près de la maiſon, mais non pas pour produire une grande quantité de foin.

De la Pimprenelle.

Il ne faut pas faire paître les beſtiaux dans les champs de pimprenelle, après qu'elle a été fauchée ; car ils doivent ſervir pour la ſemence en Juillet ou pour une ſeconde réçolte. La grande particularité de cette plante eſt d'être bonne à manger en Mars, & ſi on la laiſſe haute de ſix ou huit pouces au mois d'Octobre, on la trouvera à la hauteur de huit à dix pouces au commencement de Mars, & avec toutes ſes feuilles, comme en automne : les gelées d'hiver ne lui font point de mal ; tout l'avantage de la pimprenelle dépend de cette précaution, & tous ceux qui y ont fait paître les troupeaux s'en ſont trouvés fort mécontens, c'eſt pourquoi ils ont décrié cette plante ; mais il n'en eſt pas de même des fermiers qui ſavent la ménager.

De la Fougère.

C'eſt dans ce mois qu'il faut couper la fougère ,
la ſerrer dans les granges en gros tas , & la faire
ſervir aux beſtiaux tout l'hiver , pour litière dans
la cour & former du fumier : elle ſert auſſi de
litière pour les étables , les écuries. C'eſt avec cette
plante que vous aurez beaucoup d'engrais , ce qui
eſt la vraie clef de l'agriculture & du labourage.
De tous les végétaux , la fougère donne le plus
de ſels , & voilà par quelle raiſon elle eſt ſi bonne
pour le fumier : ſi le fermier n'en a pas dans ſes
landes , il devroit en acheter dans le voiſinage ,
pourvu qu'elle ne ſoit pas trop loin ; il pourra la
payer comme la paille , & il y trouvera toujours
ſon avantage.

Du Chaume.

C'eſt dans ce mois qu'il faut couper les chaumes de froment ou de ſeigle , ou le rateler , & le
faire tranſporter dans la cour , pour en faire du fumier , comme de la fougère ; cette opération eſt
bien négligée dans nos provinces , elle eſt pourtant de la dernière conſéquence ; le chaume laiſſé
dans les champs n'eſt d'aucun avantage , conſidéré

comme engrais , il empêche au contraire le travail de la charrue ; car, s'il y en a trop, elle ne peut plus faire l'ouvrage comme il faut. Il est donc très-utile de dépouiller les champs de toute espece de chaume , & de le transporter à la ferme , où les bestiaux , en le foulant aux pieds , en formeront d'excellent engrais , ce qui épargne la paille. Dans les provinces où l'on se sert de chaume, l'on donne pour le couper, le ramasser, &c. quarante-huit sous & quelquefois trois liv. par arpent ; dépense qui n'est pas considérable , eu égard à l'avantage que l'on en retire.

* * *

Du Houblon.

L'on commence quelquefois à cueillir les houblons à la fin du mois d'Août , mais ce mois-ci est le véritable pour cette récolte ; il faut avoir pour cela beaucoup d'ouvriers : les femmes travaillent aussi bien que les hommes ; car il faut du soin & de l'attention, plutôt que du travail. Après l'avoir cueilli , il faut arracher les perches ou pieux qui doivent être soigneusement arrangés pour la saison suivante.

Du labour des Jachères d'hiver.

Voici le tems où la charrue doit retourner d'abord comme il faut, toute espece de terres en chaume, c'est un point principal du labourage qui est très-souvent négligé ; les fermiers s'imaginent qu'il n'est nécessaire de faire labourer les jachères qu'au moment de semer l'orge ; la principale raison qu'ils donnent est celle que ces champs nourrissent les troupeaux ; mais quelle nourriture ! que ces fermiers se donnent la peine de considérer que l'air en toute saison, & quand il gele en particulier, pulvérise les mottes. Au milieu de l'été, quand la terre est tout-à-fait cuite par l'ardeur du soleil, on pourroit douter de cet effet ; mais si vous attendez la pluie & les autres variations, le fait sera aisément prouvé ; il est certain que la pulvérisation de la terre, dans la saison de l'hiver, est de grande conséquence ; c'est là ce qui détruit les mauvaises herbes & les empêche de prendre racine. Si les jachères sont bien labourées au mois de Septembre, & si on y laisse de bons sillons & des maîtres jusqu'aux mois de Mars ou Avril, on ne les trouvera pas couvertes de mauvaises herbes, ou s'il y en a un peu au premier labour de printems, la charrue les détruira. On voit qu'il est de la dernière conséquence de donner aussi ce fecond labour; car chaque plante nuifible qui commençoit à végéter par le labourage de l'automne refteroit enfermée dans la terre jufqu'au labourage du printems; fi vous femiez deffus, vous feriez fûr alors d'avoir abondance de mauvaifes herbes, qu'un labour dans l'automne auroit découvertes, & qu'un fecond détruira. Car pour faire périr les mauvaifes herbes, il faut les faire croître, & quand une fois elles font forties de la terre, la charrue les détruit, de forte que fi le fermier retourne les chaumes dans ce mois-ci, non-feulement il détruit les mauvaifes herbes, mais il prépare la terre à la végétation. Il faut faire à-peu-près la même chofe pour les champs qu'on deftine aux jachères; il eft très-avantageux de les labourer d'hiver, fans attendre les effets de l'attraction.

L'effet de l'attraction pourra paroître très-équivoque à la plupart des fermiers qui ne voient jamais les chofes plus loin que l'apparence; tout ce qu'on a dit là-deffus ne peut pas fe prouver par l'expérience. Tous les Volumes qu'on a publiés fur l'agriculture ne prouvent pas que l'atmofphère contribue à rendre l'engrais meilleur, l'avantage des jachères ne donne pas affez de preuves; il y a plufieurs argumens qui démontrent évidemment que la deftruction des mauvaifes herbes & la pulvérifation de la terre font toujours avantageufes. L'on voit des récoltes égales , & plufieurs dans l'année ; le froment, par exemple, après les feves, réuffit fort bien , & auffi après les pois & le trefle. Après toutes mes obfervations, enfin , je vois que la plus fûre méthode eft celle de détruire les mauvaifes herbes.

Il y en a qui difent que le nitre fait beaucoup, répandu fur la fuperficie de la terre après le labourage dans l'hiver ; ils foutiennent que le nitre eft le principe de la végétation ; cette opinion paroît tout-à-fait dépourvue de raifon. Le falpêtre a toujours été pernicieux , ou pour mieux dire , venimeux dans toutes les expériences. Je ne faurois pas prouver le contraire, mais je doute toujours des maximes qui ne font pas appuyée de l'expérience ; je me borne donc à recommander au fermier le labourage d'automne, qui eft fondé fur des principes qu'il doit fort bien comprendre , & fur des effets qui font certains , c'eft-à-dire, la pulvérifation des mottes & la deftruction des mauvaifes herbes ; fi l'on cherche à perfuader les laboureurs par des raifons ou par des difcuffions , elles deviennent pour eux du grec ou de l'hébreu.

L'Auteur recommande de faire des Maîtres.

Il ne faut pas oublier de faire des maîtres dans

vos champs auffitôt qu'ils font labourés; c'eft de-
là que dépendent la féchereffe & la falubrité du
fol. Il y a des fermiers qui négligent cette opération, même dans les champs de froment. Pour
épargner une bagatelle, on effuie fouvent une
perte très-confidérable. Le fermier doit défigner les
places où il faut faire les rigoles, & y employer
tout de fuite fes charretiers avant que la charrue
quitte tout-à-fait les champs. Il eft néceffaire de
faire faire aux maîtres une efpece d'écoulement,
& d'y former une berge bien propre, n'oubliant
pas d'ouvrir un paffage dans les fillons, afin que
l'eau puiffe couler dans les rigoles, la dépenfe ne
mérite pas d'être comparée au profit; il faut abfolument approfondir les maîtres & les curer à la
bêche, autrement la boue les rempliroit, & il faudroit creufer de nouveau.

De la Luzerne.

La luzerne en rayon ou tranfplantée vous fournira probablement une autre récolte dans le mois
de Septembre, ou tout au plus tard la première
femaine d'Octobre, après l'avoir fauchée cette fois,
le petit regain qui fuit n'eft pas de grande conféquence, mais fi on la coupe au commencement
ou vers le milieu de Septembre, la chofe eft bien

différente ; car on aura une autre récolte à la fin d'Octobre. Toutes les fois que vous aurez fait la dernière récolte, ayez foin d'engraiffer les champs avec des compots de craie, de marne, de gazon, de fumier pourri, de cendres, de fuie & de chaux, & fi on le fait chaque année, une petite quantité fuffira, douze charrettes par arpent. Dès que l'engrais fera bien répandu, faites entrer la charrue ordinaire dans les champs, & fi la luzerne a été femée en fimples rayons, entrez dans chaque intervalle, ouvrez la terre & faites un gros fillon de chaque côté. Par cette opération, chaque champ aura l'air d'une jachère en élévation, fous laquelle reftent les rangs de luzerne. Vous ferez fûr alors que tout l'engrais a pénétré jufqu'aux plantes, à l'abri du mauvais tems, & chaque fillon devient une efpece de conduit, qui fe décharge dans la rigole, & conferve la plantation en bon état. Il faudra, au premier beau tems fec après Février, faire herfer les fillons en travers plufieurs fois, afin de mettre le champ au niveau, & de donner aux jeunes plantes la facilité de percer.

Les cultivateurs de luzerne doivent obferver qu'un feul arpent labouré de la forte, leur rendra beaucoup plus, que plufieurs labourés à la manière ordinaire. On croira que c'eft une extravagance que de fumer les champs tous les ans ; mais la luzerne demande d'être bien engraiffée. Si la terre eſt bonne, elle produira ſans engrais : mais pour la porter au degré de perfection, & en tirer un plus grand profit, il faut amender la terre. Il y a des champs qui ont produit des récoltes de quarante louis, & plus par année ; mais la luzerne avoit été plantée ſur un ſol auſſi gras qu'un fumier.

Du Parcage.

Il ne faut négliger, ſous aucun prétexte, de parquer dans ce mois-ci. Après avoir ſemé le froment, on pourra parquer la terre deſtinée aux feves, pendant les mois d'Octobre & de Novembre. Les récoltes ſont toujours bonnes & paient bien les ſoins que vous leur donnez.

OCTOBRE.

L'AUTEUR Anglois commence l'Inſtruction ſur ce mois-ci, par des préceptes très-détaillés ſur les meſures & précautions à obſerver, lorſque l'on veut prendre un bien à ferme, ainſi que pour la louée des domeſtiques. Comme tout ce qu'il dit à ce ſujet eſt purement local, & relatif aux loix Angloiſes, j'ai cru devoir le ſupprimer dans un Ouvrage purement d'agriculture pratique. J'en ferai peutêtre un réſumé à la fin de l'Ouvrage, ſi ce ſupplément me paroît utile au ſujet.

Des travaux de la Cour.

Comme voici le dernier mois où les beſtiaux ſont nourris au verd, ſoit en pâture, ſoit au râtelier; il faut que la cour ſoit miſe en bon ordre pour les recevoir à demeure. Cet article eſt fort important pour un fermier, & il doit avoir grande attention en louant une ferme, de remarquer ſi la cour eſt commode & ſpacieuſe. Si cependant il eſt forcé par les circonſtances de traiter

ter avec un propriétaire fans rencontrer un pareil avantage , il faut qu'il y remédie à peu de frais , en cherchant un terrein adjacent à la cour , où puiffent donner les portes des étables ou des granges , affez étendu pour contenir tout fon bétail. Il le fera entourer de bonnes paliffades , fuffifamment hautes & folides : le profit qu'il doit en retirer l'indemnifera bientôt de cette dépenfe. D'ailleurs , s'il veut faire cette dépenfe d'une manière plus économique , c'eft d'entourer fon terrein d'un mur fait en terre avec du mauvais foin ou de la paille bien mêlée avec la terre , & de couvrir le tout avec du chaume , comme une maifon.

La furface de ce terrein doit être couverte de gravier ou de craie battue , pour que l'on puiffe aifément avec la pelle y ramaffer le fumier & balayer tout le tour.

C'eft dans cette efpece de cour que le bétail doit être journellement raffouré avec de la paille fraîche , que l'on renouvellera fouvent. Le fermier fera bien auffi , à fes momens perdus, d'y faire conduire de la marne , des gazons pourris , ou de la terre de marne pour jetter fur la paille & le mêler avec ; on ramaffe le fumier avec ces terres , à mefure qu'il fe pourrit , & l'on forme du tout , au milieu du terrein , une couche de trois à quatre pieds de haut , que l'on conduit enfuite

dans les terres. On peut même placer les berceaux où on met le fourrage , fur cette efpece
de couche , pour que les animaux l'arrofent de
leur urine ; mais il faut pour cela avoir foin de
renouveller fréquemment la litière avec de la paille
ou du chaume , qu'on peut entremêler alternativement avec ce qui fortira des toits à porcs, pou-
lailliers , pigeonniers , &c. Un fermier qui engraiffe
des vaches ou des bœufs avec des turneps , doit
par préférence les faire manger dans de grandes
auges , placées au milieu de cette cour , il y trouvera bien fon profit pour augmenter fon fumier,
en ne confommant pas les pailles , & il ne peut
en même tems tirer un meilleur parti de fa récolte
de navets.

Telle eft la manière la plus fûre de multiplier
les engrais , & de gouverner la cour d'une ferme ;
j'ai tiré ces principes d'un des meilleurs auteurs
qui ait écrit fur l'agriculture.

Des Chevaux.

A la fin de ce mois on doit remettre les chevaux à la nourriture feche, c'eft-à-dire, à la paille,
au foin & à l'avoine ; c'eft le moment où ils font
plus difpendieux ; car fi on ne les nourrit pas
bien, ils tombent à rien , & ne font pas en état

de faire la moitié de l'ouvrage : il faut leur donner le meilleur foin & de la paille à difcrétion ,
furtout lorfque ces denrées ne font pas chères.
Dans le cas contraire, il faut leur donner du foin
& de la paille hachés enfemble , ce qui économi-
fera confidérablement ces fourrages.

Quant à l'avoine, fi les chevaux travaillent tous
les jours, il faut compter deux boiffeaux par femaine pour chaque cheval , ce qui ne fera que
bien fuffifant pour les entretenir & les dédommager de la perte de la luzerne. Nourris de la
forte , ils peuvent travailler tous les jours durant
l'hiver.

Mais ce régime de nourriture eft fort coûteux.
Il y a une manière plus économique , c'eft de
fubftituer à l'avoine les carottes en totalité , ou du
moins en grande partie. On donne deux boiffeaux
de carotte pour un d'avoine ; & pour quatre chevaux, au lieu de donner huit boiffeaux d'avoine
par femaine, on n'en donnera que deux & douze
de carottes. La manière de les employer eft de les
bien laver, de les couper par morceaux , & de
les mêler dans la mangeoire avec de la paille hachée. Cette nourriture réuffira très-bien aux chevaux , & épargnera bien de la dépenfe.

Cette méthode de nourrir les chevaux avec des
carottes, a été particulièrement recommandée par
un auteur célebre , qui s'en explique ainfi :

« On ne peut difputer que les carottes ne foient une bonne nourriture pour les chevaux, mais ce qu'il eft effentiel d'établir, c'eft leur grand avantage fur l'avoine. Un attelage de chevaux peut être entretenu avec des carottes feulement, fi leur plus grande courfe eft de fept à huit mille autour de la ferme, & on n'a befoin de leur donner d'avoine que lorfqu'ils vont à vingt ou vingt-quatre. Cet hiver, mes chevaux ont fait plus d'ouvrage que de coutume, ayant fervi à l'exploitation d'une partie de mes taillis; ils ont toujours bien été, & ont meilleur poil qu'à l'ordinaire, n'ayant mangé que des carottes. Cela prouve que cette nourriture leur eft meilleure que l'avoine; d'autant que je penfe qu'il eft avantageux pour les chevaux de ne pas toujours manger de la même nourriture ; mais auffi je leur donne de la paille à difcrétion, & le foin peu à peu pour qu'ils en aient toujours dans le ratelier; par cette méthode les chevaux ne feront jamais trop échauffés.

Suppofons que le boiffeau d'avoine coûte quarante-huit fols, & celui de carottes fix fols, ce fera huit de ces derniers pour un d'avoine.

Le prix de l'avoine varie, à la vérité, beaucoup, mais le meilleur marché qu'elle foit, eft 36 fols; on en aura encore fix de carottes pour un. Je n'établirai même mon calcul qu'à quatre pour un, & je prouverai que quand il n'y auroit que deux pour un , on y trouvera encore du profit.

D'ailleurs, en comparant le parti que l'on peut tirer de deux quantités de terres données pour la nourriture des chevaux, & calculant le produit de chaume, on verra de quel côté eſt le profit, ſans compter dans quel état chaque eſpece de récolte laiſſe le terrein qui l'a produit.

Vingt arpens de terre qui vous ſeront néceſſaires pour la nourriture de vos chevaux, ſeront dans le plus mauvais ordre, quand ils auront porté de l'avoine ; au lieu que les cinq, où j'aurai récolté des carottes, ſeront dans le meilleur état de culture poſſible, après toutes les façons qu'ils auront reçues. C'eſt pourquoi je conſeillerai la culture de cette racine à tout fermier qui y aura un terrein propre, comme étant un objet important d'économie rurale, qui allégera conſidérablement la dépenſe des chevaux ».

Les bœufs doivent être nourris ce mois-ci à la paille & aux choux, & à défaut de ces derniers, aux turneps ; mais les premiers ſont préférables.

Il faut leur donner environ cinquante livres par jour chacun, & que le ratelier ſoit toujours garni de paille, d'orge ou d'avoine. S'ils font beaucoup d'ouvrage, il faut ſubſtituer le foin à la paille, mais avec économie ; car le grand avantage de ſe ſervir de bœufs, préférablement aux chevaux pour

P iij

la culture, confifte dans la nourriture d'hiver, fur laquelle on peut économifer ; mais on ne peut en faire autant pour les chevaux. Ce n'eft pas qu'il n'y ait des cultivateurs qui ne donnent pas d'a-voine aux chevaux l'hiver , quand ils ne font pas grand ouvrage , d'autres qui même ne leur don-nent que de la paille ; mais c'eft une fort mau-vaife méthode, car des chevaux qui ne font pas bien entretenus toute l'année , tombent à rien quand le fort de l'ouvrage commence.

Comparaifon entre les Chevaux & les Bœufs.

Voici un article très-important en agriculture ; car certainement l'avantage eft d'un côté, & il ne s'agit que de le trouver. Il n'y auroit pas à hé-fiter , fi, comme quelques-uns le prétendent, on pouvoit entretenir deux attelages pour un , en fe fervant de bœufs ; mais tout le monde s'eft avifé de raifonner ou d'écrire fur cette matière ; chacun a eu fon opinion, appuyée même par des expé-riences : mais il en eft de cela comme des fermiers qui exploitent des terres légères , & qui veulent blâmer la culture des turneps. La localité fait tout. Tel s'eft toujours fervi de chevaux , & les croit fupérieurs aux bœufs, tandis que d'autres ne veu-lent employer que ces derniers à leur culture.

Tout cela n'eſt qu'une opération de calcul, & un fermier qui veut l'entreprendre doit avóir toujours la plume à la main, comme un mathématicien le compas. Je ne réponds pas de réſoudre une queſtion auſſi importante, mais je rapporterai tous les calculs & dépenſes de pluſieurs expériences faites dans une ſeule année, dont on pourra enſuite faire le rapprochement.

Première Expérience.

Dépenſe de deux chevaux & de deux bœufs faite en 1766.

Il en coûte par acre pour labourer avec deux chevaux , ... 2 liv. 10 ſols.

Entretien, achat & uſage des harnois , ... » 1

2 11

Pour deux bœufs ; 2 2

Le deuxième article eſt nul, ou du moins preſque rien, mais il faut ajouter celle d'un tou-

2 2

De l'autre part, . . . 2 liv. 2 fols.

cheur, de 6

2   8

Le profit pour les bœufs eft par
acre de . . . . » 3 (1).

Il faut obferver que, quoiqu'on ne porte rien
pour les harnois, il faut au bout de l'an compter
la dépenfe & l'entretien des jougs ; mais les chaî-
nes de fer s'ufant peu, la dépenfe d'entretien eft
peu de chofe ; ainfi cet objet peut être porté à
deux fous par an.

Mais un autre avantage que les bœufs peuvent
avoir, ç'eft qu'une paire de petits bœufs laboure-
ront un acre en un jour, tout comme des bœufs
bien gras, de 12 à 1300 péfant, & leur confommation fera bien moins forte. Dans la province
de Suffolk, pour un écu par femaine on nourrit
une bonne paire de bœufs dans l'été, & une diminution de 12 à 24 fols fur la dépenfe ci-deffus, fera tout de fuite une grande différence. D'un

----

(1) *Note du Traducteur.* J'ai traduit cet article fans
entendre l'auteur, car fûrement il faut trois jours à deux
bœufs pour labourer un acre, le toucheur ne gagneroit
donc que deux fols par jour.

autre côté, les chevaux dépériffent toujours en travaillant, & on perd tout lorfqu'ils meurent, au lieu que les bœufs ne travaillant que jufqu'à quatre ou cinq ans, on gagne deffus lorfqu'on les vend; tandis que fur les chevaux, fi on tient un état exact des accidens auxquels ils font fujets, on trouvera l'un dans l'autre une perte de 20 pour 100 par an. S'ils fe caffent une jambe, il faut les jeter à la voirie; au lieu que fi un pareil accident arrive à un bœuf, on le vend au boucher, & l'on perd rarement deffus.

Ces derniers animaux demandent bien moins de foin, de dépenfe pour la nourriture, le panfage, &c. Dans la province de Suffolk, un homme ne foigne pas plus de quatre chevaux, & outre cela, lorfque les charretiers font revenus de la charrue, on ne peut les employer à aucun autre ouvrage; tandis que mes bœufs ne demandent d'autre foin que de les curer; & de garnir leur ratelier de fourrage, un garçon fera chargé aifément de dix à douze bœufs; c'eft une grande différence, au lieu d'un charretier pour quatre chevaux; les gages de ces derniers font bien chers. Je crois donc pouvoir affurer, d'après cette expérience faite dans notre province, qu'il y a un profit réel à admettre la culture des bœufs (1).

____

(1) Je ne trouve pas cet article plus clair, car outre

Des Vaches.

Les vaches à lait doivent dans ce mois-ci rentrer à la cour de la ferme ; celles qui en ont le
moins doivent être mises à part , & on ne doit
pas épargner la paille & les choux , étant bien
prouvé que de ce mêlange , il ne peut résulter aucun goût pour le laitage. Les genisses d'éleve doivent aussi être rentrées à la fin de ce mois, &
nourries avec soin à l'étable. Elles ne feroient que
s'amaigrir en restant plus tard dans les pâtures ,
qu'elles abîmeroient en outre avec leurs pieds.

De l'engrais des Bestiaux.

Voici le bon tems pour rentrer les bœufs qui
auront été l'été en pâture, pour les mettre à l'engrais avec des turneps , des choux ou des carottes. Les premiers sont bons avec du foin , mais
les deux autres plantes les engraissent plus prompte-

---

ce petit garçon pour soigner les douze bœufs, il faut un
chartier par chaque paire pour labourer ; mais j'ai voulu
suivre mon exactitude ordinaire , en traduisant littéralement.

ment feuls. On place ces animaux dans des étables fermées, fi l'on veut; mais cela demande beaucoup plus de foin, & eft beaucoup plus coûteux, que de les mettre dans une cour jonchée de plaille, fur laquelle font dreffées des crêches ; car les bœufs dépériront promptement à l'étable, s'ils ne font pas tenus très-proprement, ce qui confomme bien plus de paille.

A la fin d'Octobre on peut auffi acheter à bon compte du bétail blanc, après le déparq, pour engraiffer & les vendre au boucher en Avril, on doit en proportionner le nombre à la récolte que l'on aura faite de turneps ou de choux.

Quant à la quantité qu'il en faut pour engraiffer les bœufs, on peut la calculer de la manière fuivante.

Première Expérience.

Le 17 Octobre 1776, on a mis à l'engrais deux bœufs qui pefoient en fortant de l'herbage cinq cens chacun, on leur mit du foin conftamment dans le ratelier, & on leur donna des navets dans la proportion qui fuit: ayant vérifié ce que péfoit le panier dans lequel on leur en donnoit, il s'eft trouvé pefer cinquante-huit livres.

La première femaine ils en mangè-
    rent en tout, . 52 paniers, pefant . 3016 liv.

La deuxième, . . 64 3712

La troifième , . . 68 3944

La quatrième, . . 73 4234

La cinquième, . . 77 4466

La fixième , . . . 78 4524

La feptième , . . 77 4466

La huitième , . . 77 4466

La neuvième, . . 82 4756

La dixième , . . . 79 4482

La onzième , . . 78 4584

La douzième, . . 78 4524

La treizième, . . 57 3306
    Et 32 boiffeaux de paille hachée.

La quatorzième,. 75 4350
    Et 28 boiffeaux de paille hachée.

La quinzième, . . 82 4756
    Et 28 boiffeaux de paille hachée.

1097 63626

Ce qui fait vingt-huit tonnes & huit quartes entre
les deux , ou quatorze tonnes quatre quartes chacun.

Observations.

On a remarqué que les six premières semaines ils mangeoient toujours de plus en plus, & engraissoient peu sensiblement, mais ensuite leur appétit & leur graisse augmenta proportionnellement jusqu'aux dernières semaines, qu'on leur ajouta la paille hachée, pour achever de les mettre en état de vente.

Quant au foin, quoiqu'on ne l'ait pas pésé régulièrement, cela a pu aller à vingt livres par jour chacun, & on ne le diminua pas même en donnant la paille.

Ceci prouve la manière dont il faut s'y prendre pour bien engraisser les bestiaux, & l'avantage qu'il y a de les charger quelquefois de nourriture. D'après ma récolte des turneps de cette année, je juge qu'ils en consomment un acre chacun ; les bœufs mangent le quart de leur propre poids de ces racines en un jour.

Deuxième Expérience.

Le 24 Décembre 1766, on a mis de même une vache maigre, de quatre cens pésant, & on l'a gardée de même dix semaines à l'engrais, ayant du foin à discrétion ; & elle a mangé cinq tonnes dix-huit quartes de turneps, en commençant par vingt-deux boiffeaux la première, & croiffant jufqu'à vingt-huit la dernière.

Elle a confommé pendant ce tems le tiers d'un acre de turneps, & mangé par jour l'équivalent du tiers de fon poids fans le foin.

Je pourrois citer plufieurs autres expériences qui ont donné à-peu-près les mêmes réfultats.

Des Cochons.

Voici de même le tems de retirer les porcs du trefle pour les mettre à l'engrais; c'eft une fpéculation très-importante pour un fermier. Ce n'eft pas le gain qu'il fera fur ces animaux, qu'il doit compter; car quand il ne retireroit de fon grain que le prix qu'il le vendroit au marché, il y gagneroit d'abord les frais de voyage, & le tems de fes chevaux, & enfuite le fumier qu'il en retirera, qui eft de la meilleure qualité que l'on puiffe avoir dans une ferme. Ainfi, non-feulement je confeillerai à tout cultivateur d'élever de ces animaux, mais encore d'en acheter de maigres pour engraiffer; il fera ainfi confommer fon orge, fon feigle, les feves, le bled de Turquie, &c. S'il eft dans un fol où les pommes de terre ou les carottes puiffent réuffir, il tirera pour l'engrais des porcs

plus de profit d'un acre de ces racines, que s'il
étoit enfemencé en orge ou autre grain.

De la Cour à Cochons.

Je vais décrire une cour que j'ai fait conftruire
en 1765 pour engraiffer des porcs, & rapporter
la dépenfe que j'ai fait pour cela, afin de montrer le profit que l'on peut retirer d'une pareille
fpéculation.

D'un côté de la cour étoit un bâtiment couvert en tuile, avec un fourneau pour cuire les légumes, & un grenier deffus pour ferrer le grain
& les facs.

Ce bâtiment a coûté fans le bois,	450 liv.
Une chaudière immenfe pour cuire le manger,	300
D'un côté étoit un puits avec une pompe, le tout	140
D'un autre côté de la cour, un hangar fous lequel étoit un grand baffin en brique, fait à chaux & cîment, pour verfer le manger de la chaudière,	550
	1440

De l'autre part, . . . 1440 liv.

La cour pouvoit tenir cent cochons.

Le long d'un autre mur étoit un ap-
pentis pour coucher les porcs, . .   60

La cour étoit pavée, ce qui a coûté, .   250

Les auges pour manger, ...   72

Enfin, le bois pour tous les bâtimens,
les paliſſades du côté où il n'y avoit
pas de mur, ...   578

(1) Total de la dépenſe, . . 2400

J'ai auſſi engraiſſé cette année-là, quatrevingt-
huit porcs ſeulement.

J'ai conſommé pour 170 livres de paille en
tout, & j'ai eu 90 charges de fumier, qui ont été
eſtimées par des fermiers 6 liv. . . . 540 liv.

Otant le prix de la paille, ... 170

Reſte du profit ſur le fumier, . . . 370

Et j'aurois pu en avoir pour 800 liv. s'ils euſſent

---

(1) J'ai voulu rapporter tous ces articles en détail,
pour montrer combien la main-d'œuvre eſt plus chère
en Angleterre qu'en France.

eu

eu affez de paille. Un feul homme a été chargé
de ce foin, dont la dépenfe eft le feul que je
porte fur le bénéfice des porcs : on voit, dédui-
fant cinq pour cent de ma première mife, le profit que j'ai retiré.

J'ai voulu entrer dans ce détail pour montrer
aux fermiers combien il eft avantageux pour eux
de confacrer à cet ufage toute la récolte de leur
grain qui y eft propre, ils en tireront le même
parti, & auront bientôt leurs terres engraiffées au
fuprême degré.

Des Moutons.

Voici le tems de commencer à faire manger
à ces animaux, des turneps ou des choux, foit
dans le champ, fi le terrein n'eft pas trop humide, ou fur une pâture feche à portée ; on les tiendra à cette nourriture jufqu'en Avril & Mai, c'eft-
à-dire, aux choux, car les turneps ne fe confervent pas jufqu'à cette époque (1).

---

(1) Je fuis furpris de cette affertion de l'auteur, gelant
très-peu en Angleterre ; car j'ai, dans ce moment-ci, 20
Mars 1788, des turneps en terre qui y ont paffé l'hiver fans être nullement altérés.

Q

Du Fumage des Prés.

Ce mois, ainfi que le précédent, doit être employé à fumer les prés, mais on ne doit pas attendre plus tard, fans quoi les voitures les abîmeroient. Il y a des provinces où l'ufage eft de mener tous les fumiers de la cour fur les prés ou autres herbages, mais c'eft un fort mauvais régime d'agriculture. C'eft auffi comme d'obliger les fermiers de mener une certaine quantité de muids de chaux par an, fur les terres labourables, au lieu d'autres fumiers ; c'eft auffi mal entendu, que fi on vouloit faire tirer les chevaux par la queue (1); car, fuivant tous les chymiftes, la chaux fertilife dans le premier inftant les terres, mais finit par les brûler & les détériorer. C'eft donc un grand abus de quelques propriétaires d'exiger de leurs fermiers de fumer tous leurs herbages & leurs terres labourables : cette claufe ne peut être inférée ou dictée que par des ignorans en agriculture. Lorfque l'on a choifi un fermier inftruit & intelligent, on doit le laiffer maître de fes moyens d'engrais & de fes

______

(1) Expreffion de l'auteur, que l'on n'a pas voulu changer ainfi que quelques autres tenant à la langue.

principes de culture ; par exemple, interdire aux fermiers deux bleds de suite dans une terre, l'obliger à biner à la charrue, les turneps, les pois & les feves, font des précautions fages.

L'ordre fuivant de cette culture parera à tous les inconvéniens, tiendra toujours les terres en bon ordre, & conviendra également aux terres fortes & aux terres légeres.

La première année, des turneps ;
La feconde, de l'orge ;
La troifième, du trefle ;
La quatrième, du bled.

Ou pour les terres fortes :

La première année, des choux ;
La feconde, de l'avoine ;
La troifième, du trefle ;
La quatrième, du bled.

Ce que je dis n'eft pas pour exclure l'ufage de fumer les terres en herbes ; c'eft même très-avantageux, l'année avant de les retourner, mais il ne faut pas deftiner à cela tous les fumiers de la cour, les cendres, les compots, la craie, la marne, les gazons brûlés font d'excellens engrais pour les herbages, & les fumiers ordinaires de cour pour les choux, turneps, &c.

Q ij

De la récolte des Carottes.

On doit dans ce mois-ci arracher les carottes, quoique plufieurs perfonnes attendent le mois de Novembre ; mais il eſt plus prudent de ne pas retarder par la crainte de la pluie ou de la gelée. Cette opération fe fait affez vîte , avec des crochets à trois dents ou à la bêche ; ce dernier moyen eſt plus long , mais les brife moins. On les fouleve en-deffous avec cet inſtrument , on les tire par la tête , & on fecoue les racines pour ne pas emporter de terre ; cela fe fera facilement ſi la terre a été tenue en bon ordre ; s'il fait beau , on les laiffe quelques jours fur le champ , pour que la terre qui eſt autour fe defféche ; on les ramaffe par tas , & on les charrie à la maifon ; en arrivant , on leur coupe la tête que l'on donne aux cochons , & on feme les racines dans une grange ou fous un hangar , d'autres en font des efpeces de meules couvertes de fable ou de paille de feigle ; elle feront également bien , ſi elles font bien entaffées , couvertes & à l'abri de la gélée.

En calculant l'emploi de la récolte de ces raci-nes , il faut en réferver pour les chevaux , quoi-qu'il y ait quelques perfonnes qui prétendent que cela leur donne feulement bon poil , c'eſt toujours

une preuve que cela ne leur fait pas de mal, &
il y en a à qui nous en avons donné, qui leur ont
fait grand bien. Les truies pleines & les porcs à
l'engrais font encore un moyen d'en tirer bon parti, ils en font très-friands, & cela leur eſt très-
profitable. Les truies qui ont des petits ne peuvent
rien manger de meilleur pour faire augmenter leur
lait.

Cela a été démontré dans les Mémoires de la
Société de Londres, pour l'encouragement des arts
& du commerce; on y a même avancé que les
porcs de lait ſe pouvoient nourrir avec les carottes ſeulement, du moment où ils ne tettent plus.
Les bœufs s'en engraiſſent fort bien, & les vaches
s'en nourriſſent auſſi parfaitement, ſans que cela
donne aucun goût au laitage; il eſt peu de racines
dont je croie devoir autant recommander la culture.

De la récolte des Patates.

Il n'eſt pas moins important auſſi de ſe ſervir
du crochet pour arracher ces racines, que la charrue couperoit, ainſi que les carottes; mais on
peut ſe ſervir de ce dernier inſtrument pour les
pommes de terre, la charrue les retourne parfaitement; on les ramaſſe avec la main, & s'il y en
a quelques-unes de recouvertes, en herſant le ter-

rein elles feront remifes deffus , ou au plus tard au deuxième labour que l'on donnera ; car cette méthode a le double avantage de préparer la terre pour y mettre du bled tout de fuite après , ou de l'orge au printems fuivant. Je me bornerai à dire pour la manière de conferver & d'employer ces racines, la même chofe que j'ai dite pour les carottes ; elles craignent de même la gelée , & font une excellente nourriture pour les porcs , les vaches , & même pour les hommes.

Des Labours d'hiver.

On doit ce mois-ci s'occuper de labourer les terres humides & fortes, où on ne pourroit plus entrer le mois fuivant, car les terres légères & fablonneufes fe labourent tout l'hiver ; on doit principalement labourer les terres deftinées à porter des choux ou des turneps l'année d'après , & labourer à moitié, (ce que l'on appelle dans quelques cantons, recaffer,) celles deftinées à porter de l'avoine : en général, il eft d'une bonne agriculture, qu'il n'y ait pas une terre qui ne foit labourée à la fin de Novembre, les pluies & les gelées d'hyver y font bien plus de bien, quand la terre eft ainfi ouverte ; & le labour que l'on y donnera enfuite au printems la rendra bien meuble , & dans

le meilleur ordre poſſible , pour telle eſpece de
plante que l'on veuille y ſemer.

***

Des Feves.

Il y a une eſpece de feves que l'on nomme
mazagan , qui ſe ſeme dans cette ſaiſon ; il eſt à
propos de les ſemer , ainſi que toutes les feves &
pois , en rayons , pour pouvoir les biner avec la
houe à cheval. On commence par bien labourer
la terre , en rayons de quatre pieds , & on ſeme
les raies à un pied , ou au moins à huit pouces
de diſtances , en ayant ſoin de tirer de bons maîtres pour égoutter la piece. On ſuppoſe que pour
les feves d'hiver , la terre aura reçu un premier
labour en Septembre , auſſitôt apres la moiſſon.

Comme c'eſt auſſi le tems de préparer la terre
pour les feves de printems , je ne puis trop recommander en général cette culture aux fermiers ,
comme étant une excellente nourriture pour les
bêtes à laine , qui ne détériore pas la terre , &
même l'ameublit en les cultivant par rayons.

***

Des Labours pour les Carottes.

Dans ce mois-ci on doit penſer à donner le

premier labour aux terres qui doivent porter des
carottes au printems. On choisit pour cela les terres les plus légeres, mais cependant pas trop fa-
blonneuses; on laboure le plus profond que l'on
peut, sans craindre de ramener une terre qui soit
entièrement neuve, pourvu que ce ne soit pas de
la glaise ou de la marne; car cette racine pivote
beaucoup, & a besoin d'une terre qui ait du fond,
c'est pourquoi il seroit bon, pour préparer ces
terres, d'avoir une grosse charrue exprès, qui laboure bien profondément. Les fermiers qui n'en
ont pas, repassent deux fois de suite dans la
même raie, mais cela est insuffisant; on devroit
enlever au moins dix-huit pouces à deux pieds de
terre. La Société de Londres a fait exécuter une
pareille charrue dans son Ecole d'Agriculture, qui
enleve deux pieds de terre, avec quatre chevaux,
mais aucuns fermiers n'en ont essayé, ils ont bien
tort; car peu de récoltes est aussi avantageuse que
celle des carottes, & on pourroit la substituer utilement à celle des turneps, dans les terres qui y
sont préparées.

De l'emploi des Turneps.

Les calculs suivans ont été faits sur la culture
de ces racines, sur le profit qu'il y a de les fu-

mer, de les charrier à l'étable, ou de les faire manger à l'étable.

Un acre qui n'a pas été fumé, mais qu'on a fait manger dans le champ, a rendu, . 60 liv.

Le même, fumé, ... 75

Le même qui a été fourragé dans le champ, ... 78

Le même, fumé & enlevé à la voiture, . 40

Ce tableau préfente tout d'un coup le profit des turneps; d'après la dépenfe, on voit qu'il y en a un réel, à faire confommer ces racines dans le champ, la dépenfe pour les charrier étant confidérable; elles font fort péfantes, furtout avec les têtes & les racines, & tiennent beaucoup de place. Une récolte de quarante tonnes prêtes à manger, pefe le double avant d'être épluchée. Il y a plufieurs méthodes de les charrier; quelquefois on occupera une voiture à cet ouvrage une demi-journée, pour amener de quoi nourrir les animaux à l'engrais, pendant trois ou quatre jours. Ce n'eft pas là le tout, cela demande encore du foin à la maifon, pour couper, laver & diftribuer les turneps. C'eft un homme âgé ou un petit garçon qui eft chargé de cette béfogne; & la moitié du tems, les beftiaux n'ont rien à manger, font négligés ou mal foignés; les voitures fouvent font occupées, & n'ont pas le tems d'aller chercher la nourriture. Un fermier intelligent doit avoir affez de bétail pour mériter la dépenfe d'avoir un cheval & une petite voiture à trois roues, defti-née à cet ouvrage feul, & un homme qui va aux champs, les charrie, les apprête, les donne aux animaux, & les cure exactement ; en arrachant ainfi les turneps par rayons, la befogne avance. On peut calculer combien on peut engraiffer de bêtes ; & l'ouvrage va malgré tout cela. Il n'y a pas de comparaifon du profit qu'il y a de faire manger les turneps dans le champ ; & c'eft la vraie manière de tirer le meilleur parti de cette culture, qui a toutes fortes d'avantages, puifqu'elle produit une récolte, où il ne faut ni moiffon ni voiture, ni battage ; mais, je le répete, s'il falloit faire les dépenfes des charrois, un fermier ne pour-roit trouver qu'il eût rien de refte après la ré-colte, fi ce n'eft d'avoir bien préparé fes terres pour une autre récolte.

Voici une autre expérience qui a été faite fur le rapport des turneps.

Une tonne charriée à la maifon pour le troupeau, eft revenue, frais faits, à . 3 liv. » fol.

La même, en nourriffant des bœufs, ... 2   8

Idem. Des moutons maigres, . 3   14

____

9   2

Ci-contre , . . . 9 liv. 2 fol.

Idem. Des vaches , . . . 2   14

Pour engraiffer les porcs , . . 2   16

Autre épreuve de même , . . 3   12

Autre, fur des brebis , . . . 2   18

Autre , pour engraiffer des geniffes , ... 2   12

Les mêmes , mangés dans le
champ , ... , 1   8

Les moutons engraiffés dans le
champ , ... »   18

Total , . . . 26   »

La tonne a coûté l'une dans l'autre 2 liv. 8 fous.

Je ne puis m'empêcher d'obferver ici qu'aucun des auteurs qui a écrit fur la culture , n'a fait de pareils tableaux de comparaifon ; c'eft cependant la feule manière de calculer le profit que l'on peut faire fur ces racines , que de préfenter les frais de récoltes.

Il n'en eft pas de même des autres produc-tions, le prix commun des marchés fixe leur rap-port ; les frais de moiffon & battage font connus; mais pour les turneps ce n'eft pas de même, il ne fuffit pas, comme ont fait quelques écrivains, de fupputer combien péfant rapporte un arpent, cette méthode eft toujours fautive.

Je fuis entré dans tout ce détail, comme l'ayant vérifié par ma propre expérience, & ai comparé par moi-même la différence des récoltes de turneps avec d'autres pour l'engrais des beftiaux.

Nous avons vu que la balance commune des confommations faifoit revenir la tonne de turneps à cinquante ou cinquante-deux fous, tandis que la tonne du foin revient depuis trente-fix jufqu'à foixante liv., & celle de paille à dix-huit liv., & certainement il s'en faut bien qu'une tonne de foin nourriffe autant de beftiaux que dix-huit tonnes de ces racines.

Il y a un autre calcul qu'il peut être auffi avantageux d'établir, c'eft pour prouver au cultivateur ce qu'il doit acheter d'animaux maigres fuivant fes récoltes.

Par exemple, un acre ayant produit tant de tonnes de turneps, on a engraiffé des beftiaux qui avoient coûté tant, on a réduit cela en une table, d'après le produit de quatre années différentes.

$$\text{tonnes.} \quad \text{beftiaux achetés.}$$

La première, l'acre à . . . 32 . . . 300 liv.

———

300

	tonnes.	beſtiaux achetés.
Ci-contre, . . .		300 liv.
La ſeconde, ...	41 . . .	762
La troiſième, ...	20 . . .	360
La quatrième, ...	48 . . .	600
		2022

L'acre a rendu l'un portant l'autre, trente-cinq tonnes.

Il y a eu des beſtiaux par tonne, pour . 13 l. 10 ſ.

Et il y en a eu par acre , . . 505   10

Ceux qui n'ont jamais fait ces expériences, trouveront ces produits bien forts, ou pour s'expliquer plus clairement, trouveront qu'il y a eu pour bien de l'argent de bétail , en rapport avec le terrein ; mais il faut conſidérer que ces animaux n'ont pas été à l'engrais depuis le mois de Septembre juſqu'au mois d'Avril, pratique qui n'eſt même pas la meilleure ; car ſi on commence à conſommer trop tôt les turneps , ou qu'on veuille les prolonger trop loin, on les fait manger trop verds, ou lorſqu'ils ſont déja montés à graine, ce qui eſt également nuiſible aux animaux.

D'ailleurs , chacun ſe conduit ſuivant ſes facultés, & un fermier qui n'aura que cent louis à mettre en beftiaux, ne peut en mettre deux cens. D'après les réflexions que nous venons de faire, on peut calculer fur quinze louis de beftiaux par acre, l'un portant l'autre ; ainfi, un fermier qui a cent vingt acres de terres, divifés dans l'ordre qui fuit : un quart en turneps, un en orge, un en trefle & un en bled, fur fes trente acres de turneps, il en deftinera cinq à fon troupeau, & faura qu'il faut qu'il ait pour neuf cens liv. de bêtes maigres pour confommer le refte. On voit par là qu'un fermier qui n'a pas quelques avances ne peut entreprendre ce commerce (1), & que l'aifance eft néceffaire à tout homme qui veut entreprendre une exploitation ; car fi un fermier ne peut fuivre la marche que nous venons de prefcrire, faute de moyens, que fera-t-il obligé de faire ? de ne plus cultiver de turneps, & de retomber dans l'ancien abus de laiffer fes terres en jachères, ce qui depuis nombre d'années a été reconnu préjudiciable à l'agriculture ; il ne fera prefque plus de trefles, ou ils feront de moindre qualité, fuccédant à une récolte de grain : n'ayant prefque pas de fourrage,

---

(1) J'ai traduit cet article, non que je le croie utile à nos cultivateurs, mais pour faire voir la richeffe des fermiers Anglois.

il fera obligé de diminuer fes beftiaux ; il n'aura
plus d'engrais , & ne tendra directement qu'à fa
ruine ; il profiteroit encore davantage en cultivant des turneps , ne fut-ce que pour y mettre fon
troupeau.

NOVEMBRE.

De la Cour de la Ferme.

JE ne pourrai que renouveller ici les recommandations que j'ai faites le mois dernier au fermier, sur le soin de ses bestiaux à la cour ; plus on avance dans la mauvaise saison, plus ils demandent à être soignés. On peut employer le chaume, la bruyère pour épargner la paille, le principal étant qu'ils aient toujours de la litière neuve, & que les animaux ne puissent jamais s'enfoncer dans la terre de la cour, ou sur celle des compots, qu'ils emporteroient avec leurs pieds. A mesure que l'on voit le fumier pourrir, il faut le recouvrir ; on peut économiser en prenant celui qui sort de dessous les chevaux, & que l'on met avant sous les autres bestiaux, après en avoir bien secoué le crotin.

Du Battage.

Sitôt que les bestiaux sont rentrés à l'étable, les batteurs doivent être mis à l'ouvrage, pour pouvoir

voir leur fournir de la paille fraîche tous les jours ; il faut pour cela que le nombre des animaux foit proportionné avec la quantité de paille que l'on a récoltée , & il faut auffi ne mettre que le nombre de batteurs néceffaires , pour qu'il y ait des litières jufqu'au printems , furtout fi l'on n'eft pas à portée d'une ville pour en acheter quand on en manquera.

Des Clôtures.

Voici le premier mois pour faire les haies & les foffés ; lorfqu'une fois on a mis fes clôtures en bon état, ce qui doit toujours fe faire les trois premières années du bail ; le mieux eft de divifer tout ce que l'on a de haies, en douze parties égales , & d'en entretenir toujours un douzième par an.

La meilleure manière de faire les haies, eft de les entrelacer comme des claies, entre des pieux que l'on plante fur le fommet du foffé ; on entrelace du bois fec entre, & on plante du plant d'épine blanche au pied ; cet ouvrage que beaucoup de fermiers négligent, ne faifant que ce que porte exactement leur bail, eft fort important; car fans cela, fi vos clôtures ne font pas bien entretenues, votre bétail courra çà & là parmi vos embla-

R

ves , & souvent dans celles des voisins ; on entrera dans des herbages qu'ils gâteront, sans compter qu'il est certain qu'il y en a qui feroient périr tout un troupeau, s'ils y entroient.

Aussi tout fermier intelligent ne négligera pas cet objet important, & gardera toujours une certaine somme d'argent pour cela, dont au surplus il aura calculé la valeur en passant son bail. Il faut recreuser & souvent curer les fossés , sans quoi les haies ne deviennent plus d'aucune utilité, & sont promptement abîmées par les bestiaux ; il faut aussi avoir soin que les maîtres tirés dans les terres aboutissent dans les fossés, dont la berge, à cet effet , doit avoir une ouverture pour les recevoir , & en même tems ces fossés , quand ils peuvent contenir l'eau, sont d'une très-grande utilité pour mener les eaux stagnantes dans des parties trop seches ; tous ces procédés sont détaillés parfaitement dans l'extrait suivant, tiré d'un auteur moderne fort célebre.

Observations générales.

La clôture des héritages est un des points les plus essentiels d'agriculture, & les fermiers qui ont des terres encloses, en tirent bien plus que ceux qui cultivent en champs ouverts, & ont bien moins de foins & d'embarras ; ils entretiendront une harde de cochons, un troupeau de moutons, une bande de vaches, & un attelage de chevaux, dans un petit herbage de trefle, entouré de cent acres de bled, fans courir aucun rifque, & fans avoir befoin de perfonne pour les garder ; il ne s'agit que d'avoir des défenfes folides autour, & bien entretenues.

Les foffés, dans la province de Suffolk, où j'habite, font faits parfaitement ; on y plante une fimple haie fur le bord, avec une haie feche derrière, qui ne dure pas un hiver entier ; elle tombe, on la vole, les animaux rongent le plant qui meurt, & voilà la dépenfe perdue.

Cet inconvénient peut fe parer en faifant des haies entrelacées comme des claies, qui font très-folides, furtout fi on fait des pieux en faules ou en peupliers qui reprennent en terre, & font prefque une feconde haie vive ; elles n'ont pas le danger d'être écrafées l'hiver par le poids de la neige, lorfqu'une fois la haie vive eft pouffée à une certaine hauteur.

Et le bois qui en fort, on l'entrelace dans le pied pour boucher les trous, on plante de nouveaux pieux vifs vis-à-vis la haie feche qui devient alors inutile, & ces clôtures font après cela impénétrables à toutes fortes d'animaux.

Une manière encore plus fûre de s'enclorre, qui

eſt un peu plus diſpendieuſe , mais dont on tire bien le profit par la ſuite , eſt de faire un double foſſé avec une banquette au milieu , ſur le haut de laquelle on plante la haie vive , & derrière , la haie en claie dont j'ai parlé , mais toujours avec des pieux de ſaules ou de peupliers.

Mais après avoir blâmé les haies ſeches ordinaires de notre pays , je ne puis m'empêcher de vanter l'uſage de faire les foſſés dont la berge de dedans eſt preſque droite , & celle de déhors aſſez en pente , pour que les beſtiaux puiſſent venir paître juſqu'au bas , ſans pouvoir remonter ſur l'autre ; la berge la plus droite doit, pour bien faire , être gazonnée pour empêcher les terres de s'ébouler ; plus les terreins ſont humides , plus on doit faire les foſſés creux , pour deſſécher les terres : on n'eſt jamais embarraſſé de ce qui en ſort, en les portant à la maiſon , on en fait de bons compots , & on ne peut en avoir trop.

Pluſieurs auteurs ont traité des clôtures , ſans entrer dans ces divers détails , & ſurtout ſans entrer dans le calcul de la dépenſe , ce que je trouve important de mettre ſous les yeux du cultivateur.

Le plan ci-joint repréſente une ferme d'un mille en quarré , contenant par conféquent fix cens quarante acres , diviſés en ſeize enclos de quarante acres chacun ; par conféquent , il y a dix mille toi-

ses de fossés & de haies : je vais présenter la dépense première de cette clôture pour un propriétaire ou un fermier qui aura un long bail ; & après,
je ferai le relevé de toutes les dépenses nécessai-
res , pour bien entretenir cette défense après sa
première construction.

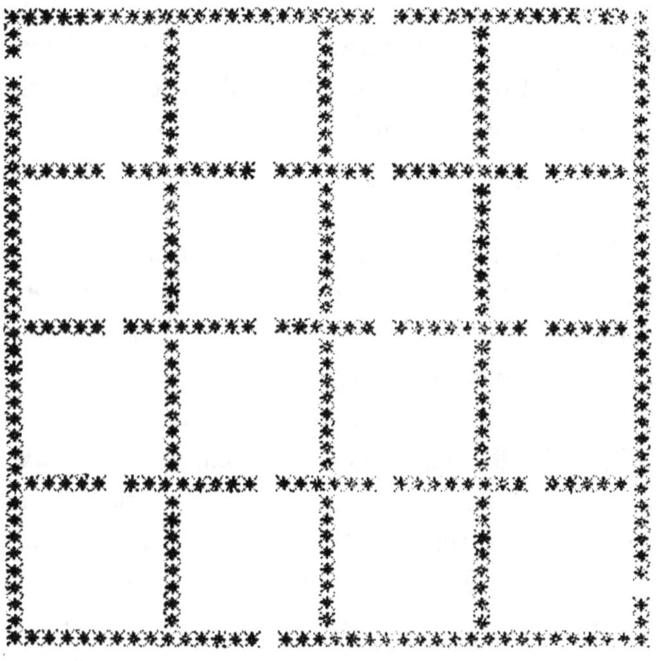

Je suppose donc ce quarré d'un mille , avec un
fossé de six pieds de large par le haut , cinq de
creux , réduit à rien dans le fond , pour l'enclos
du tour avec une haie de sureau , de bons pieux
de bois vif, cette dépense coûtera cent huit sous

la perche , fans compter quatre francs pour une haie feche entrelacée , fi on en veut une , & douze fous de plus par perche , fi la haie eft garnie d'é-pines , ce qui reviendroit alors tout compris à fix francs fans la haie feche.

Les foffés de travers dans cet enclos, comme il eft figuré ci-deffus, n'ont befoin que d'avoir quatre pieds d'ouverture, & trois de profondeur, ils reviendront, avec une haie d'épines blanches, feulement plantée fur la berge , & une haie en fureau en bas de ces pieux de faule , à quatre liv. dix fous.

Il faudra feize barrières d'entrée, qui , bien con-ditionnées en bois de chêne , avec des traverfes, deux gros poteaux, & bien ferrés, reviendront dans notre comté à un louis piece.

Il faudra à chaque entrée , une petite arche en brique fur le foffé, pour l'écoulement des eaux , enfin à tous les angles où les foffés fe rejoignent, ou il faut, pour bien faire , des paliffades en bois pour empêcher les beftiaux de defcendre dans le foffé , & il en faut de pareilles à côté des poteaux des barrières pour empêcher que l'on ne paffe à l'extrêmité de chacune.

Récapitulation.

Un mille, ou trois cens vingt perches de tour

à fix liv. la perche, ... 1920 liv.

Les foffés des enclos intérieurs, deux
   mille huit cens quatre-vingt perches
   à quatre liv. dix fous, ... 12960

Seize portes à un louis piece, . . 384

Seize arches à vingt-fix francs, . . 416

Paliffades pour les portes, à cent fols, 140

Vingt-une places aux angles, paliffadées
   à huit liv., ... 169

15989

Ce qui fait par acre, à raifon de 640, à-peu-
près la fomme de 25 liv. 19 fous.

Par ce calcul, on voit qu'avec environ un louis
par acre, on aura de bons enclos dans lefquels on
pourra faire telle culture qu'on voudra ; cela dif-
penfera même un propriétaire de mettre dans le
bail, qu'on ne pourra abandonner les bêtes à laines dans une terre, dont les clôtures n'ont pas neuf
ans, ce que l'on fait fouvent pour empêcher que
ces animaux ne mangent les haies vives.

Actuellement, il faut calculer ce qu'il en coûtera
pour réparer ces haies au bout de quatre à cinq
ans, ce qui eft la feule chofe qui puiffe être à la
charge du fermier ; car la première dépenfe doit

regarder le propriétaire, à moins que le prix du bail n'ait été fait en conséquence ; cette opération consiste à remplacer tous les pieux qui font morts, caffés ou pourris, & remplacer le bois de la haie en bois neuf ; & on fait fagoter & mener à la maifon celui qui eft hors de fervice pour brûler. Cette dépenfe feroit bien plus confidérable, fi les pieux n'étoient pas de faules, de peupliers ou d'autres bois vifs ; car ceux que l'on met en terre, & qui ne reprennent pas, pourriffent promptement.

Des Bordures.

Les bordures, dans les cantons où les enclos font petits, prennent fouvent la dixième ou douzième partie de la ferme ; mais dans les grandes exploitations, c'eft encore plus confidérable : néanmoins elles ne doivent contenir que la largeur néceffaire, pour que les chevaux en labourant puiffent tourner fans faire de fourrières. Elles doivent être auffi unies que les autres prés de la ferme, & bien nettoyées de chardons, de ronces, d'épines, & d'autres plantes nuifibles, que les haies produiroient, fi on n'avoit pas cette attention ; ce qui ne feroit, de ces portions de terre, que du terrein perdu ; cette opération doit fe faire toutes les fois que l'on répare les haies ; il faut alors avoir grand foin de bien ramaffer toutes les élagures, bien répandre egalement les anciennes buttes, s'il y en a, ainfi que la terre fortie des foffés, fi on les a curés. Pour la pente, il faut qu'elle foit bien égale, afin que les eaux des maîtres puiffent tomber dans le foffé. Lorfqu'on a curé les foffés, on peut ramaffer les terres en un tas, s'il y en a beaucoup, pour les mener l'hiver fur les prés, ou en faire des compots, ou enfin la mêler avec de la chaux, & la répandre dans le champ même. La chaux mêlée de la forte a un grand avantage ; c'eft qu'elle détruit toutes les racines des mauvaifes plantes qui fe trouveroient mêlées dans ces terres, & les réduit en un fimple engrais végétal.

Tout ce qui vient d'être recommandé ci-deffus, eft de la plus grande utilité, & ne peut être que très-profitable au fermier ; cela lui donne de bonne herbe, au lieu de mauvaife ; cela deffeche fa terre, fi elle en a befoin, & lui fournit un bon engrais ; auffi ne pouvons-nous trop recommander aux cultivateurs de s'y conformer.

Du Parcage.

Si ce mois-ci eft pluvieux, il eft tems de ceffer de parquer dans les terres humides ; le fermier doit alors mettre fon parc fur des terres feches & fablonneufes, ou fur les prairies artificielles qu'il

veut détruire l'année suivante; ce dernier parcage
eſt excellent pour l'hiver, car les pluies qui enterrent fréquemment le fumier de brebis, l'empêche
de brûler l'herbe; ce qui arrive lorſque l'on parque ces terreins l'été, & leur fait tort pour la coupe
qui précéde le défrichement. Il y a quelques fermiers entêtés qui ont voulu ſe récrier contre l'uſa-
ſage de parquer tout l'hiver; mais l'expérience
prouve bien actuellement que cela n'a nul inconvénient, ni pour le troupeau, ni pour le terrein,
en ſe conformant à ce que nous venons de dire,
la plus grande partie des gentilshommes & des fermiers de nos provinces le pratiquent ainſi depuis
pluſieurs années, & s'en trouvent très-bien. C'eſt
auſſi le moment de parquer les pâtures où l'on
voit de la mouſſe; rien ne la détruit mieux que
cet engrais; l'urine de brebis lui eſt plus contraire
que tout autre fumier.

Des Chevaux.

Voici un mois fâcheux pour ces animaux chez
les mauvais fermiers; car après les forts ouvrages
de l'automne, ils les réduiſent ſouvent à une nourriture maigre & inſuffiſante : mais ceux qui les
nourriſſent bien en ſont amplement dédommagés
par le travail qu'ils en retirent. Il en eſt de toute

efpece pour ce mois-ci. Sur les terreins légers on peut conduire la marne, la chaux ou la glaife tout l'hiver; & dans les terreins humides on peut mener toutes fortes d'engrais fur les herbages, pourvu que l'on ait des tombereaux ou charrettes baffes avec des roues à jantes larges de neuf pouces, qui ne font jamais d'ornières.

Si la fituation du terrein ne permet pas d'occuper toujours les chevaux à ces fortes d'ouvrages, on peut les employer à mener les denrées de la récolte aux marchés voifins, & ramener en revenant, du fumier, ce qui eft une excellente fpéculation. On trouve dans les villes des engrais de toutes efpeces, des fumiers de chevaux, de porcs, de pigeons, &c.; des cendres de charbon, de la fuie, du marc de cidre ou de bierre, des curures de latrines, & généralement toutes efpeces d'immondices, qui, amoncelées en un tas l'hiver, près la ferme, donnent de quoi faire, lorfqu'ils font confommés, d'excellens compots. Rien n'eft plus avantageux qu'une pareille pratique, & rien cependant n'eft plus négligé par les fermiers, que la dépenfe effraie, & qui n'entendent pas leur propre intérêt, puifqu'il eft prouvé que le profit les dédommageroit amplement des frais.

Des Desséchemens.

Voici le moment de creuser ou de rafraîchir les vidanges faites dans les terres ou prés humides, si on en a dans la ferme ; car sans cela il est inutile d'en louer ou d'en cultiver : ce seroit des dépenses ou des semences perdues, que de fumer des terres avant de les avoir desséchées ; c'est vouloir ne tirer que cinq pour cent de son argent, quand on en peut tirer cinquante.

Il faut commencer par entourer ces sortes de terreins d'un bon fossé, dont on ne laisse pas la moindre terre sur les bords intérieurs, afin que l'eau y tombe aisément, on fait ensuite des rigoles dans le champ, de tous les sens, suivant la pente, pour amener les eaux dans ce grand fossé.

On a imaginé en Angleterre depuis quelques années deux ou trois especes de charrues, avec lesquelles on peut faire les rigoles bien plus vîte, & à bien moins de frais qu'à la bêche, il y a quatre cinquièmes à gagner, & l'ouvrage est aussi bien fait. Un fermier qui a beaucoup de terres à dessécher, ne doit pas hésiter d'acheter une de ces charrues. On proportionne le nombre de ces rigoles au plus ou moins d'humidité du sol ; il les faut quelquefois à deux perches de distance, même à une, si le fonds est très-marécageux. Dans les herbages on doit recouvrir ces vidanges, après les avoir comblées avec des pierrailles, des briques ou des fagots d'épines, pour que les eaux passent dessous; on y pose ensuite des gazons renversés, & l'on ressème ensuite de l'herbe sur la superficie du terrein; cette pratique est très-importante, & l'on en est souvent remboursé par la récolte de la première année.

Des Bois.

Voici la saison de couper les bois dans une ferme, si on en a; mais en général, ils ne sont pas considérables dans ce royaume : & même dans les provinces où il y en a, le fermier fera bien de n'en louer que ce qui lui est nécessaire pour son usage, car c'est ordinairement un genre de spéculation qui ne leur réussit pas. Cela leur prend trop de tems & trop d'argent pour les premières avances ; il vaut beaucoup mieux qu'ils emploient leurs fonds à augmenter leurs troupeaux, à acheter des bestiaux pour engraisser, ou à conduire des engrais sur les terres.

Si cependant un cultivateur est forcé de prendre les bois avec la ferme, ou qu'il en soit propriétaire, il doit donner toute son attention à faire exploiter fon bois de la manière la plus avantageufe fuivant la fituation.

Le meilleur parti à tirer des bois dans ce royaume, où on n'en brûle pas communément, c'eft de faire des échalats pour le houblon, qui ont douze pieds de haut, des cercles pour les tonneaux, dans les provinces où on fait de la bierre ou du cidre ; des claies, des pieux pour les clôtures, des fagots ou du bois de charronnage, s'il s'en trouve. Mais malgré tout cela, je confeillerai encore à tout bon cultivateur de vendre par préférence fon bois fur pied, s'il en trouve l'occafion. Les frais de tranfport emporteroient tout le profit & ruineroient les chevaux, fans compter le tems que cela emploieroit, tandis que fa furveillance feroit très-utile dans au autre endroit.

De la Pimprenelle.

C'eft un mauvais ufage de beaucoup de fermiers, de continuer dans cette faifon de laiffer aller leurs beftiaux dans ces fortes d'herbages. C'eft une fort mauvaife pratique, furtout fi le terrein eft humide, ou les tems pluvieux, cela détruit la racine de cette plante ; il ne faut jamais y laiffer aller aucune efpece de beftiaux l'hiver, & alors l'herbe pouffe mieux, & forme une excellente pâture pour le printems.

Des Clôtures en Pierres.

Dans les mauvais terreins très-pierreux, la clôture ordinaire eft une muraille de pierre fort épaiffe que l'on forme avec les pierres que l'on tire du champ ; voici la faifon de faire cet ouvrage, la pierre blanche ou pierre à chaux, eft celle qui s'emploie la mieux pour ce genre d'ouvrage, fe coupant plus aifément ; c'eft une très-bonne opération que d'épierrer ainfi les terres : non-feulement cela fert pour les clôtures, mais pour les réparations de la ferme, & la terre ne s'en trouve que meilleure après. Si les pierres ne font pas plates, il eft néceffaire de faire les murailles beaucoup plus larges du bas que du haut ; on les fait ordinairement en pierre feche, ou avec du mortier de terre. Cet ouvrage peut fe faire tout l'hiver, & fe paie à tant la perche ; c'eft en général une mauvaife clôture, qu'on ne doit employer que quand le terrein vous y force.

Des Fourmillières.

C'eft le mois de détruire les fourmillières & les taupinières ; on a inventé depuis peu une char-

rue qui coupe & renverfe parfaitement ces buttes ;
on emporte enfuite les fourmillières dans une voiture , pour qu'elles ne .fe repeuplent pas. Il eft certain que cela abrége de beaucoup l'ouvrage ; mais
je connois une méthode ufitée par plufieurs fermier , qui me paroît préférable ; c'eft de creufer à
la bêche un grand trou large d'entrée, & profond
dans le milieu de la fourmillière , & de laiffer enfuite comme cela, tout l'hiver , les gazons retournés , pour que l'eau puiffe s'y introduire & noyer
les fourmis. On évite par là l'embarras de les enlever , & de favoir où les mettre. Au printems on
releve les terres , & on régale le terrein en remet-
tant les gazons deffus ; l'herbe repouffe , & il n'en
paroît rien à la pâture ; cette opération eft peu
coûteufe , on peut la faire pour dix à douze fous
du cent de buttes , fans cela on perd beaucoup
d'herbes ; & un fermier intelligent ne regardera
pas à cette dépenfe , d'autant qu'elle fera du nombre de celles qu'il aura calculées en louant fa ferme.
Ceux qui ne fe conduifent pas ainfi n'y entendent
rien ; il y a en agriculture plufieurs dépenfes fem-
blables , pour lefquelles il eft abfolument néceffaire
d'avoir quelques fonds d'avance , comme pour
le commerce.

Des Pois.

Dans les terreins fecs on feme ce mois-ci ce qu'on appelle les pois à cochons, qui réfiftent aux plus fortes gelées, & font bien plus hâtifs l'année d'avant que ceux femés au printems; il faut en femer quatre à cinq boiffeaux l'arpent, fur un chaume de bled, & les enterrer à la charrue, fans herfer après, mais ayant foin de faire des maîtres pour écouler les eaux.

Du Débit des Bois.

Je ne parle pas de cet article, comme objet de fpéculation, les mêmes réflexions fe préfentant que pour les taillis, mais feulement parce que, dans la plupart des baux, il eft permis aux fermiers de couper, dans les arbres épars de la ferme, ce qui lui eft néceffaire pour l'entretien de fes charrues, charrettes & clôtures. Il ne doit pas en abufer; fi fon attirail eft bien monté en entrant, il ne doit que l'entretenir pour l'avoir de même en fortant. Voici en conféquence le tems de couper les ormes & les frênes, pour les employer l'année fuivante feulement. On a une petite cour particulière, avec un hangar où les ou-

S

vriers débitent les bois ; il ne faut furtout jamais l'employer verd.

———

Du Troupeau.

Les brebis & agneaux doivent encore trouver à fe bien nourrir ce mois-ci dans les pâtures, mais les moutons que l'on veut engraiffer, doivent être ramenés à la bergerie à préfent, & nourris aux turneps & enfuite aux choux ; il faut qu'ils en mangent à difcrétion, mais prendre garde qu'il ne s'en gâte une partie. C'eft le fujet de la diverfité des opinions de différens fermiers dont nous avons déja parlé ; les uns veulent mettre le troupeau dans le champ même pour y manger les turneps, & éviter par-là la dépenfe du tranfport ; d'autres préfèrent de faire mener ces racines fur une pâture bien féche, où on les donne au troupeau.

Je dirai à cela que fi le terrein eft fec ou fablonneux, il n'y a pas le moindre inconvénient à faire pâturer les turneps dans les champs, ayant furtout l'attention d'y conduire les bêtes maigres, après que les moutons gras y ont paffé pour manger ce que ces derniers n'ont pas voulu ; cette méthode que peu de fermiers connoiffent, eft très-avantageufe & mérite d'être recommandée ; car en général l'engrais des moutons eft un des points

les plus importans en agriculture. Comme il eſt eſſentiel que les moutons à l'engrais mangent con-
tinuellement, il eſt eſſentiel d'avoir dans le champ
de navets, quelques rateliers toujours pleins de
foin, pour varier leurs nourritures de tems en tems.
Il y a même des fermiers qui leur donnent dans
des auges, du ſon ou de la farine de méteil &
d'orge. Ces nourritures ſeches ne peuvent faire que
beaucoup de bien, entremêlées avec celle des turneps, qui eſt bien fraîche. La paille & le foin hachés ſont auſſi une très-bonne nourriture à donner avec les turneps, & moins coûteuſe que le
grain ; au reſte, je ne donne cela que comme
conſeil, car j'ai vu des troupeaux nourris parfaitement avec des turneps ſeulement.

Il y a encore une obſervation très-importante
à faire ſur l'engrais des moutons d'hiver, c'eſt que
les meilleurs mois pour les vendre ſont Avril &
Mai, parce que le mouton vaut un ou deux ſous
par livre de plus. C'eſt pourquoi un fermier prudent doit ſe précautionner de nourriture, pour
quand les turneps ne valent plus rien, ce qui arrive le 15 Mars, environ, d'autant que c'eſt le moment alors de retourner la terre pour ſemer l'orge, & quand on ne le voudroit pas, ils montent
à graine à cette époque, & ne valent plus rien.

Les grands choux d'Ecoſſe, ſont la meilleure
plante à faire ſuccéder aux turneps, parceque les

plus fortes gelées leur font abfolument indifféren-
tes, ainfi qu'aux choux-navets, & les moutons font
très-friands de ces deux efpeces ; le produit en eft
immenfe, & ils fe confervent jufqu'à la mi-Mai,
que vous vendez vos moutons, gras, & que vous
commencez à avoir de l'herbe pour les autres; cette
pratique eft une des meilleures que l'on puiffe
fuivre.

Dans les terres fortes bien cultivées & fumées,
le ray-graff & le trefle commenceront auffi à donner, vers la mi-Avril, de quoi nourrir les beftiaux ;
mais c'eft d'un fi petit rapport, que cinq arpens
de ces fourrages n'en vaudront pas un de choux
dans cette faifon. Il eft vrai que, pour que ces racines réuffiffent bien, il faut que la terre foit parfaitement bien fumée & cultivée, alors le produit
fera certain, mais fans cela la récolte fuivante
s'en reffentiroit; car vos choux vous conduifant
jufqu'à la mi - Mai, les orges ne réuffiroient pas
bien après, fi le terrein n'avoit pas été bien engraiffé.

Des Feves.

Voilà une excellente faifon pour planter les feves qui feront par ce moyen bonnes à houer en
Mars ; le fameux agriculteur Yong entre à cet égard
dans de grands détails que nous allons rapporter ici.

Le tableau de comparaison que j'ai fait, dit-il, de treize années de récoltes confécutives, de feves femées en rayons, & houées à la petite charrue, a donné un produit de trois quartes fept boiffeaux trois picotins, ce qui peut porter le profit d'un acre, tous frais prélevés; à trois louis par an, & qui doit déterminer à fuivre par préférence cette méthode à celle de femer à la volée.

Depuis nombre d'années, plufieurs écrivains ont infiniment vanté cette nouvelle méthode de culture, & l'ont étendue à tous les grains, bleds, orge, avoine; ils ont cité à cet égard une infinité d'exemples & d'expériences, je les ai toutes recueillies, dit toujours M. Yong, & ai moi-même voulu les répéter, me méfiant de la prévention de tous les écrits qui ont paru alors, où chacun difoit c'eft *exécrable*, ou c'eft *admirable*, fans aucune admiffion de partage.

Ils ne peuvent pas condamner cette méthode pour une culture, fans la condamner pour toutes; je ne fuis pas fi partial, & je me ferai un devoir d'inftruire le public, que d'après mes expériences, elle m'a parfaitement bien réuffi fur les feves, médiocrement pour le bled & les pois, & fort mal pour l'orge ou l'avoine.

Le réfultat ci-deffus, de mes expériences fur les feves, ne me laiffe plus de doute fur la bonté de cette manière de les cultiver, du moins fur des terres fortes comme les miennes, où un produit de trois louis par acre me paroît fort confidérable. Je connois de mes voifins qui ont des terres graffes excellentes, fur lefquelles on doit faire de bien plus belles récoltes.

Je trouve que dans mes terres, le rapport d'un acre de feves cultivé ainfi, excéde celui de mes meilleurs bleds. Il doit paroître bien fuffifant de tirer un pareil profit d'une terre qui devroit être en jachère, & qui n'en produira qu'un plus beau bled après, ayant été fréquemment remuée.

N. B. On a cru inutile de rapporter ici le calcul des treize années, le réfultat eft le principal, & le refte fuperflu.

DÉCEMBRE.

Du Battage.

Voici le mois où l'on doit commencer à faire battre les grains, sans discontinuer tout l'hiver, pour que les bestiaux ne manquent pas de paille, Les fermiers intelligens qui engraissent des bestiaux commencent toujours par faire battre la plus mauvaise paille, pour qu'en avançant dans l'hiver, les bestiaux en trouvent journellement de meilleures. Par exemple, la paille de bled étant la plus mauvaise, on doit commencer par là ; ensuite l'avoine, l'orge, & enfin, l'avoine ou l'orge, avec laquelle il y aura eu du trefle de semé, qui est la meilleure de toutes, & préférable au foin pour tous les bestiaux.

Les fermiers ne peuvent mettre trop de soin à bien choisir leurs batteurs, car si ces gens ne sont pas honnêtes ou adroits, ils y perdront beaucoup; ils ne battront pas à fond, laisseront du bled dans la paille, ou s'ils veulent en emporter, ils en mettront journellement dans leurs poches, aux heures de leurs repas, ou en cacheront dans des trous à portée de la grange, où ils viendront la nuit les chercher ; le bled eſt auſſi tentant à voler pour ces gens-là, que l'argent.

La pareſſe parmi ces gens n'eſt pas moins nui-ſible aux cultivateurs ; car il y en a qui ne don-nent que deux ou trois coups de fleau ſur chaque gerbe pour avoir le plus facile, & laiſſent, par ce moyen, la moitié du grain dans la paille ; c'eſt une perte immenſe pour le fermier, s'il ne veille ſes batteurs de près, s'il n'examine pas la paille avant qu'elle entre dans les rateliers. C'eſt au point que dans une ferme très-conſidérable, je conſeillerois au fermier d'avoir un homme occupé uniquement à veiller les batteurs, il le regagneroit bien à la fin de l'année.

L'importance de ces détails, la fatigue de cet ouvrage pour les hommes, qui même eſt mal-ſain, fait bien regretter qu'on n'ait pas pouſſé plus loin les recherches que l'on a faites, pour trouver une machine pour battre les grains. Il a été préſenté à la Société de Londres, un moulin à cet effet, dont on a fait l'eſſai en grand ; mais cette machine étant revenue à ſept ou huit cens louis, eſt au-deſſous des facultés d'aucun fermier, & n'a pas rempli le but. Il ſeroit bien à deſirer que cette So-ciété, qui eſt animée de ſentimens ſi patriotiques, faſſe de nouvelles recherches à cet égard, & excite l'émulation des méchaniciens, pour trouver une machine si utile à l'humanité.

De la Cour de la Ferme.

On doit continuer tout ce mois-ci les mêmes attentions pour le travail intérieur de la cour, & la distribution journalière des fourrages ; si le fermier n'y a pas perpétuellement l'œil, les domestiques, par négligence, lui feront perdre la moitié de ses pailles : le chaume de bled, la bruyère, la paille fourragée , doivent être seuls employés à la litière, & on doit garder la paille fraîche pour les bestiaux. Dès qu'il a plu un peu abondamment, on doit renouveller la litière de la cour, pour que les bestiaux soient toujours couchés séchement. Les étables & les écuries doivent être curées fréquemment, & les fumiers bien répandus dans la cour, & arrosés tous les jours avec les urines qui sortent des étables, & qui doivent être rassemblées dans un puisard à une extrêmité de la cour ; on doit de même en couvrir les fumiers chaque fois que l'on y répand des terres dessus pour former des compots, cela se fait très-facilement avec une petite pompe faite exprès, qui est à côté du puisard, & qui arrose parfaitement ; on s'en sert de même pour tirer de l'eau des puits pour l'arrofement des jardins ; tous ces foins font fort effentiels pour multiplier les engrais.

Des Chevaux.

Comme on ne peut guere fonger à faire des labours ce mois-ci, & que même il y auroit de l'inconvénient à labourer la plus grande partie des terres, on ne peut occuper les chevaux qu'au charroi des engrais de toute efpece, fur les herbages, comme nous l'avons déja recommandé ci-devant.

On peut cependant commencer à défricher les terres précédemment en herbages, & c'eft même le bon tems pour cet ouvrage ; car fi la terre étoit feche on ne pourroit y réuffir, & d'ailleurs fi l'on attendoit au printems, les gazons retournés n'auroient pas le tems de pourrir.

On ne doit défricher un herbage que lorfque l'on voit l'herbe femée dépérir, & la fuperficie couverte de mouffe, il y a alors bien plus d'avantage d'y mettre la charrue, & d'y faire trois ou quatre bonnes récoltes de grains, pour les remettre en pâturages après.

Les avis font bien partagés fur l'efpece de grains à femer dans ces défrichemens, les uns commencent par l'avoine blanche, d'autres par la noire, d'autres y mettent des pois à cochons ; il ne peut

y avoir de regles sûres là-dessus , c'est selon la
qualité du sol ; & le fermier intelligent fait mieux
que personne ce qui convient à son terrein.

Des Fumiers.

S'il gele , on doit en profiter pour conduire les
fumiers de cour & les compots sur les terres destinées à porter de l'orge ou des turneps ; car par
le tems humide on ne peut aller que dans les herbages ; on doit laisser les fumiers en grand tas dans
le champ , & ne le répandre qu'au moment de labourer , pour que les pluies de l'hiver ne détrui-
sent pas la puissance végétative dans les terres
argilleuses de l'Angleterre. Les cultivateurs ont une
fort bonne méthode l'hiver , ils profitent des gelées pour conduire du fumier tel qu'il sort des étables , sur les bordures des champs qu'ils veulent
engraisser , & ils en forment à mesure des compots avec les terres qui sortent des fossés que l'on
a curés , ils les laissent ensuite bien consommer ,
& ne les menent dans la terre qu'au printems ;
ils sement ensuite du trefle dans l'orge après qu'il
est levé , pour l'empêcher de faire tort au grain :
l'année suivante , ils font deux bonnes coupes de
ce trefle , & y sement du bled l'automne sur une
façon qui y réussit parfaitement , à cause de l'en-

grais que la terre a reçu l'année précédente. Cette méthode est excellente , & ces terres rapportent sept à huit quartes par acre.

Du Troupeau.

Comme dans ce mois-ci on peut commencer à avoir des agneaux , on doit redoubler de soins pour les brebis , & ne les pas laisser manquer de nourriture. Lorsqu'elles ont agnelé , elles doivent avoir des choux & turneps abondamment, & même du foin dans les crêches aux champs ; les choux ont un très-grand avantage , c'est que tel fort qu'il gele , on peut toujours les couper, lorsque l'on ne peut plus arracher des turneps. Lorsque le tems est très-mauvais , on fera bien de rentrer les agneaux dans la cour où font les meules, & d'y transporter les crêches ou rateliers pour leur donner leur manger fec. Il y a des fermiers qui, dans le tems des neiges, rentrent leurs agneaux dans leurs granges , mais c'est une mauvaife méthode ; il vaut mieux avoir un hangar dans la cour dont nous venons de parler, fous lequel ils pourront manger ; ils y feront plus fainement , & vous donneront une plus grande quantité d'excellent fumier, pourvu que la litière ne leur manque jamais , cela fera l'effet d'un parc , fi on a eu la précaution l'automne, de garnir cette cour fous la litière, d'un lit de marne, ou de gazon provenant de foffés rafraîchis ; le tout étant bien confommé fera un excellent engrais.

Des Vaches.

Il faut bien obferver dans cette faifon les vaches qui font prêtes à vêler, & les retirer trois femaines d'avance d'avec les autres qui ne mangent que de la paille, & les bien nourrir avec les choux, les turneps & du foin, comme le jeune bétail, & dès qu'elles ont vêlé, il faut les nourrir auffi bien que les bêtes à l'engrais.

Des Porcs.

Voilà la faifon de faire le meilleur profit de ces animaux, pour le fumier qui eft le principal, il faut avoir bien foin que les truies, & furtout celles qui ont des porcs de lait, foient amplement fournies de litière, & toujours tenues bien proprement, ce qui fe voit au luifant de leur peau ; les porcs que l'on veut engraiffer doivent auffi avoir toujours de la nourriture devant eux : fans ces attentions on perd beaucoup fur ces animaux, & on en a moitié moins de fumier.

Si un fermier, fur les cochons qu'il engraiffe, trouve à retirer l'argent qu'ils lui coûtent, & celui de ce qu'il vendroit leur nourriture au marché voifin, il y gagnera affez en épargnant les frais de tranfport, & par le fumier qu'il en retirera, furtout s'il a foin de récolter amplement des racines qui leur font propres.

Des Clôtures.

Je ne puis que répéter ici ce que j'ai dit dans le mois précédent, il faut continuer exactement dans cette faifon l'entretien & réparation des haies.

Du Fumage des Prés.

Il faut continuer auffi de mener les compots fur les prés ou terres en herbages, mais furtout, à moins qu'il ne gele fort, n'y entrer qu'avec des voitures à roues larges ; il faut réferver le fumier de cour & des étables pour les terres labourables, & ne mener que les compots fur les herbages.

Du Marnage.

Je recommanderai la même chofe pour le mar-
nage ; ceux qui ont adopté cet engrais, ainfi que
la mixtion de toute autre terre, comme glaife,
craie, chaux, &c. ne doivent pas difcontinuer ce
mois-ci, tant qu'il y fera bon ; ils ne peuvent pas
employer plus utilement leurs attelages, & c'eft
fans contredit un des meilleurs engrais à employer,
& qui dure le plus longtems.

De la Plantation des Saules.

Je puis répondre que cette plantation fera très-
profitable à ceux qui l'entreprendront, très-utile
à tout le royaume ; cet arbre vient plus fort en
vingt ans, qu'aucun autre arbre en foixante ou
foixante-dix, & rend tous les ans beaucoup de
bois. Aucun arbre n'eft plus facile à multiplier, &
ne vient auffi vîte : au bout de fix ans il eft en
rapport, & fe tond tous les trois ans ; de forte
qu'en divifant fa plantation en trois, on s'en fera
un revenu annuel après dix ans ; le rapport fera
beaucoup plus confidérable & plus immenfe après
vingt, comme on le verra pas les calculs ci-après.

Pour faire cette plantation avec avantage, il

faut commencer par enclorre le terrein qu'on y deſtine, pour le défendre contre toute eſpece de bétail, enſuite le bien labourer à la charrue ou à la pioche pour détruire les racines & les mauvaiſes herbes. La ſaiſon pour planter eſt depuis Novembre juſqu'en Avril, on commence par les terreins les plus ſecs.

Les rejets de l'année ſont les meilleurs, lorſque l'on veut faire un plantation de grands arbres, on les coupe de dix-huit à vingt pouces de haut, & on les enfonce de ſept à huit en terre, le gros bout en bas ; ces pouſſes d'un an feroient bien deux ou trois boutures ; mais je ne conſeillerai pas d'employer le haut des branches, elles feroient trop foibles pour mettre en terre.

Les boutures doivent être à trois pieds de diſtance environ ſur tous ſens, ſans alignement ; il en faut environ cinq milliers par acre. Au mois de Juin il faut parcourir la plantation, & à toutes les tiges qui auront pouſſé plus d'un rejet, il faudra ſupprimer le ſurplus, pour donner de la force à la maîtreſſe branche ; & on doit couper ces branches le plus uniment poſſible, pour que l'écorce recouvre la plaie : après cette opération, il faut piocher la terre, on y peut même ſemer des turneps ; loin de faire tort à la plantation, les fréquens binages que l'on donnera à ces racines feront du bien aux jeunes plantes, pourvu que chaque turneps

neps foit à un pied au moins de chaque petit arbre; l'hiver fuivant lorfque les turneps font cueil-
lis, on pioche encore une fois le terrein, & l'été
fuivant on arrache feulement l'herbe qui aura
pouffé, avec le crochet, & voilà la dernière culture qu'exige cette plantation. Cet inftrument eft
une efpece de fourche à trois dents recourbées,
comme on s'en fert dans le comté de Kent, pour
cultiver le houblon; cet ouvrage fe paie communément à l'entreprife, à raifon de quinze livres
de France par acre. Au bout de quatre ou cinq
ans que les faules font bien pouffés, on doit en
couper de trois ou quatre l'un, pour donner de la
force aux autres.

Ces branches que l'on coupe, doivent, fi le
terrein eft bon, avoir un pied de tour, & de
vingt à trente de haut; ils font propres à plufieurs
ouvrages, pour des bois de chaifes, des cercles,
des pieux à houblons, ou pour des paliffades,
ils fe vendent cinq à fix fous, l'un portant l'autre.

Sur cinq mille qu'on a plantés, il doit y en
avoir trois mille de bons à couper de la forte,
& ceux qui refteront feront encore à fix pieds
fur tous fens, & groffiront promptement; en n'é-
valuant la première coupe qu'à cinq fous, cela
fera fept cens cinquante livres l'acre, & je fuis per-
fuadé qu'ils fe vendront plus.

Sept à huit ans après, il faut encore couper

T

les trois quarts de ce qui reſtera , ce qui fera environ quinze cens, leſquels parvenus à l'âge de vingt ans , feront des arbres ſuperbes. La ſeconde coupe ſera bien meilleure que la première , & ils vaudront bien un écu piece, étant très-gros & bien fournis de bois ; ils ſeront propres à divers uſages ; les plus gros & les plus droits feront des mâts de petits bâtimens.

Les cinq cens reſtés ſur pied , feront à l'âge de vingt ans , d'environ ſoixante pieds de haut , & vaudront bien un louis (1) la piece , d'où on voit qu'au bout de trente ans , un acre de terre loué un louis, & planté en ſaule , aura rapporté douze à quinze mille livres à ſon maître , & je crois avoir mis tout au plus bas.

Le bois de ſaule , quoique tondu , eſt d'un bon uſage , très - blanc , n'ayant point d'aubier ni de moëlle ; il eſt très-bon pour les charrons & les tourneurs ; les planches en ſont bonnes pour des planchers ou de la boiſerie dans les campagnes, cet arbre n'étant jamais creux, lorſqu'on ne lui coupe pas la tête. J'ai même ouï dire à un homme très-véridique , & d'une expérience con-

---

(1) On voit par ces eſtimations, la cherté énorme du bois en Angleterre ; d'ailleurs, ce ne ſont pas des ſaules toquart comme les nôtres , mais des arbres laiſſés de toute leur hauteur.

fommée, que les pieux de faules fe confervoient en terre, auffi bien qu'aucun bois, excepté le chêne; & que les conftructeurs de navires les préféroient à tous autres pour des mâts, vû qu'il ne fe fendoit, ni ne s'éclatoit pas comme le fapin.

Cet arbre a des feuilles longues & pointues, d'un verd fort tendre, & doux à l'œil, il vient partout, à moins que le terrein ne foit extrêmement fec; il eft excellent pour planter le long d'un ruiffeau, alors on lui coupe la tête, & il donne tous les trois ans des tontures très-abondantes.

Les cultivateurs qui voudront, en faifant cette plantation, joindre l'agréable à l'utile, peuven placer plufieurs rangs d'allées qui feront bientôt un ombrage, & un couvert fort agréable.

On peut auffi le planter en taillis, pour couper tous les fix ou fept ans; on en fait alors de l'échalat, des paniers, & des fagots pour le chauffage.

Depuis que j'ai écrit cela, un gentilhomme de mes amis m'a dit avoir vu trois faules vendus quinze louis; je penfe que c'eft l'efpece qu'on appelle à queue d'hirondelle, dont la feuille eft luifante, qui vient dans la province de Norfolk; c'eft le plus beau & le plus grand.

M. North l'appelle même faule de Norfolk,

mais c'eſt un nom purement d'opinion; car d'autres l'appellent ſaule de Hertfortshire; la deſcrip-
tion qu'il donne de ſes feuilles, de la dureté de
ſon bois qui n'a point d'aubier & qui n'eſt jamais
creux, prouve qu'il eſt d'une qualité bien ſupérieure à toutes les autres. Il ajoute que ceux qui
en deſireront pourront s'en procurer chez lui. Comme ce gentilhomme eſt mort depuis, je ne puis
aſſurer ſi l'on pourroit en avoir chez ſes héri-
tiers; il ſeroit malheureux que l'on eût perdu la
ſouche d'un ſi excellent arbre.

Il y a une obſervation importante, qu'ajoute
M. North, pour la culture de cet arbre, c'eſt, ſi
on veut s'en procurer de cette beauté, il faut,
lorſque l'on fait la première coupe de ces taillis,
en laiſſer de quatre en quatre ſeulement, les plus
droits, que l'on coupe enſuite à huit ou dix pouces de terre; les rejettons qu'ils pouſſent après
ſont plus vifs & plus forts pour faire des plan-
tards, que l'on ne coupe qu'à ſept & huit pieds
de longueur, & dix pouces de tour; cela fait
enſuite, en les laiſſant croître à volonté, des arbres de la plus grande élévation; il faut ſeulement, dans leur commencement, leur donner des
tuteurs, pour qu'ils montent droit. On peu traiter de même toutes eſpeces d'arbres qui pouſſent
des boutures, & les planter le long des haies,

des chemins , des prés , des ruiſſeaux , &c. On gagnera le loyer du terrein , propoſé dans la première méthode , d'être employé à cette plantation.

FIN.

TABLE

Des Articles contenus dans ce Volume.

M A I.

JUILLET.

AOUT.

S E P T E M B R E.

DÉCEMBRE.

Fin de la Table.

www.ingramcontent.com/pod-product-compliance
Lightning Source LLC
LaVergne TN
LVHW021136050726
842519LV00002B/401